재미있게 함께 노는 초등과학 원리

# 사다리과학

# 사다리과학(화학 · 생물 기본편)

펴  냄  2010년 1월 20일 1판 1쇄 박음 / 2010년 1월 25일 1판 1쇄 펴냄
지은이  과학주머니
펴낸이  김철종
펴낸곳  (주)한언
　　　　등록번호 제1-128호 / 등록일자 1983. 9. 30
주  소  서울시 마포구 신수동 63-14 구 프라자 6층(우 121-854)
　　　　전화. 02)701-6616(대) / 팩스. 02)701-4449
책임편집  박선미
디자인  정현영, 양미정, 백은미, 김영민
홈페이지  www.haneon.com
이메일  haneon@haneon.com



ISBN  978-89-5596-559-9　　63400
　　　　978-89-5596-557-5　　63400(세트)

재 미 있 게 함 께 노 는 초 등 과 학 원 리

# 사다리과학

과학주머니 지음

한그

엄마, 아빠께 가만히 물어보세요. 어렸을 때 할머니가 들려주는 이야기를 들어 본 적이 있냐고. 할머니는 마음속 깊이 가지고 있던 이야기 주머니에서 소중하고 재미있는 이야기를 조금씩, 조금씩 꺼내서 엄마, 아빠의 마음속에 있는 이야기 주머니에 넣어 주셨어요. 그 이야기 주머니는 엄마, 아빠뿐 아니라 우리의 마음속에도 있답니다. 이러한 이야기 주머니는 우리가 어떤 책을 읽고, 어떤 공부를 하고, 어떤 생각을 하느냐에 따라 여러 개로 나눠지기도 하고, 커지기도 하는 마법의 주머니예요.

처음 선생님이 됐을 때, 많은 고민을 했었어요. 들려주고 싶은 이야기도 많고, 가르쳐 주고 싶었던 것도 많았지만 내가 가지고 있는 주머니에서 무엇을 꺼내 주어야 할지 막막했거든요.

하지만 '과학주머니'에서 재미있는 이야기와 신기한 실험을 꺼내서 알려 줄 때마다 '우와~' 하는 아이들의 한마디에 신이 났고, 자신감을 얻었죠. 더 많이 가르쳐 주기 위해 내 과학주머니를 키웠고, 가르치는 아이들의 과학주머니를 키워 주기 위해서 노력했어요.

우리들은 누구나 마음속에 주머니가 있다고 했죠? 주머니에 어떤 내용을 넣어 주

느냐에 따라 여러 개의 주머니를 가질 수도 있고, 남들보다 더 큰 주머니를 가질 수도 있답니다. 비록 눈에 보이지는 않지만 우리가 가진 주머니는 어려운 문제를 해결하는 데 도움을 주는 현명한 거울과 빛이 될 거예요.

이 책은 선생님들이 오랜 시간 키워 온 과학주머니에 담긴 이야기를 나눠 주기 위해서 탄생했어요. 엄마, 아빠가 할머니의 이야기를 통해서 세상 보는 눈을 키우고 살아가는 데 필요한 지식과 교훈을 얻었다면, 우리는 이 책에서 들려주는 이야기를 통해 세상 보는 눈과 우리가 가진 과학주머니를 키우게 될 거예요. 비록 호랑이나 마법사가 등장하는 이야기는 아니지만, 살아가는 데 꼭 필요한 과학 이야기를 하려고 해요.

우리 주변을 둘러보면 대부분이 과학과 관련돼 있답니다. 우리 주변에서 쉽게 볼 수 있는 과학 이야기를 재미있게 들려주려고 노력했어요. 이 책을 천천히 다 읽고 나면 마음속의 과학주머니가 두둑해지고 불룩해지는 것을 경험할 수 있답니다.

과학주머니가 두둑해지면 그 주머니에 들어 있는 이야기를 친구나 동생들에게 한번 들려 주세요. 이야기를 다른 사람에게 나누어 준다는 것이 얼마나 기쁘고 뿌듯한

지도 느낄 수 있답니다. 그리고  왜 선생님들이 과학주머니를 키웠는지도 알 수 있을 거예요.

이 책을 펼치는 순간부터 가지고 있는 주머니에 '과학'이라는 이름표를 달아 주세요. 그리고 그 주머니를 크게 키워 주세요. 입에서 '우와~'라는 말이 나올 때, 머릿속에서 '아하!'라는 말이 떠오를 때, 과학이 즐겁고 신날 때, 학교에서 배우는 과학에 자신감이 생길 때, 그 순간을 이 책과 함께 하기를 바랄게요.

　　　　　　　　　　　　　　－꺼내고 또 꺼내도 줄어들지 않는 마법의 과학주머니

# Contents

## Contents

**장표지**

장 처음에 나오는 제목과 사진을 보고 어떤 내용이 나올지 짐작해 보자. 미리 짐작해 보는 것만으로도 공부가 되거든!

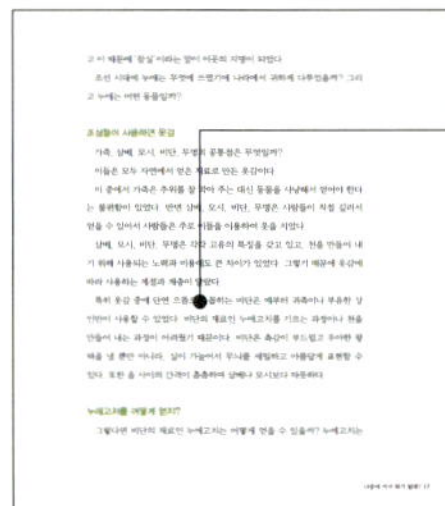

**본문**

딱딱한 과학 원리가 쉽고 재미있게 담겨 있단다. 이제 어려운 과학 원리가 나와도 자신 있게 설명할 수 있겠지?

**맛보기 퀴즈**

공부하기 전에 맛보기 퀴즈의 답을 생각하다 보면, 호기심도 퐁퐁 샘솟고 즐겁게 공부할 수 있을 거야.

**미니 사전**

가끔 잘 모르는 단어가 나온다고? 하지만 알고 나면 별것 아니지! 언젠가는 알아야 할 단어들이니, 이참에 미니 사전 살짝 들추어 보자!

**그림**

과학 원리를 더욱 재미있고 쉽게 이해할 수 있도록 그림을 담았단다.

**사진**

생생한 과학 사진을 직접 눈으로 보면, 과학이 우리 곁에 성큼 다가와 있다는 걸 느낄 수 있을 거야!

**실험해 볼까요!**

각 장이 끝날 때마다 실험을 해 보자. 이 실험은 집에서도 손쉽게 할 수 있단다. 흥미로운 실험을 하다 보면 과학 원리가 머릿속에 쏙쏙 들어올 거야!

**사진 제공 및 출처**

이 책에 나온 사진들은 어디에서 찍은 것인지 알고 싶다면 〈사진 제공 및 출처〉를 살펴봐.

Chapter 01

# 나중에 커서 머가 될래?

# 나중에 커서 뭐가 될래?

▲잠실 놀이 공원

오늘은 날씨도 화창하고 즐거운 소풍날! 소풍 장소는 송파구의 잠실 놀이 공원. 놀이 공원에 들어서자 놀이 기구를 타는 사람들의 즐거운 비명 소리가 가득하다.

지금의 잠실은 다양하고 재미있는 놀이 기구가 가득해서 사람들이 많이 찾는데 옛날 놀이 공원이 들어서기 전에는 어떤 모습이었을까?

송파구 잠실의 옛 모습은 이름을 통해서도 짐작할 수 있다. 조선 시대에는 양잠*을 백성에게 권장하기 위해, 잠실*을 설치하고 왕이 관장하였다고 한다.

이렇게 설치한 잠실 중 하나가 놀이 공원이 들어선 지금의 잠실에 있었고

**양잠**
누에를 기르는 것
**잠실**
누에를 기르는 곳

이 때문에 '잠실'이라는 말이 이곳의 지명이 되었다.

조선 시대에 누에는 무엇에 쓰였기에 나라에서 귀하게 다루었을까? 그리고 누에는 어떤 동물일까?

## 조상들이 사용하던 옷감

가죽, 삼베, 모시, 비단, 무명의 공통점은 무엇일까? 이들은 모두 자연에서 얻은 재료로 만든 옷감이다.

이 중에서 가죽은 추위를 잘 막아 주는 대신 동물을 사냥해서 얻어야 한다는 불편함이 있었다. 반면 삼베, 모시, 비단, 무명은 사람들이 직접 길러서 얻을 수 있기 때문에 옛날 사람들은 주로 이들을 이용하여 옷을 지었다.

삼베, 모시, 비단, 무명은 각각 고유의 특징을 갖고 있고, 천을 만들어 내기 위해 사용되는 노력과 비용에도 큰 차이가 있었다. 그렇기 때문에 옷감에 따라 사용하는 계절과 계층이 달랐다.

특히 옷감 중에 단연 으뜸으로 꼽히는 비단은 예부터 귀족이나 부유한 상인만이 사용할 수 있었다. 비단의 재료인 누에고치를 기르는 과정이나 천을 만들어 내는 과정이 어려웠기 때문이다. 비단은 촉감이 부드럽고 우아한 광택을 낼 뿐만 아니라, 실이 가늘어서 무늬를 세밀하고 아름답게 표현할 수 있다. 또한 올 사이의 간격이 촘촘하여 삼베나 모시보다 따뜻하다.

## 누에고치를 어떻게 얻지?

그렇다면 비단의 재료인 누에고치는 어떻게 얻을 수 있을까? 누에고치는 누에나방이라는 곤충이 자라는 과정에서 얻을 수 있다.

보통 나방은 날아다닐 수 있는데, 누에나방은 날지 못한다. 날개의 크기에 비해 누에나방의 배가 너무 커서 무거울 뿐만 아니라 날개 근육이 강하지 않기 때문이다. 아마도 4,500여 년 전부터 사람들은 누에를 기르기 시작했는데, 기르는 과정에서 누에가 이런 특성을 가지게 되었을 것이다. 그럼 누에나방이 자라는 과정을 잘 살펴보고 어떤 과정에서 누에고치를 얻게 되는지 알아보자.

누에나방은 한 번에 약 500개의 알을 낳는데 알을 낳으면 보통 풀과 같은 곳에 쌓아 놓는다. 시간이 지나면 알이 깨지면서 애벌레가 탄생하는데, 애벌레 누에는 어른벌레로 자라기 위해 '잠'을 잔다. 애벌레의 몸 표면의 껍질은 자라지 않기 때문에 먹는 것을 비롯한 모든 활동을 멈추고 잠을 자는 것이다. 누에나방의 애벌레는 어른벌레가 될 때까지 총 5번의 잠을 자며 이때 잠과 잠 사이를 '령(齡)'이라고 부른다.

잠을 자며 껍질 안에서 성장한 애벌레는 몸 껍질을 찢고 나오는데, 이것을 허물벗기라고 한다.

### 애벌레는 어떻게 자랄까?

알에서 깨어난 1령 애벌레의 몸길이는 약 3mm로 머리와 몸이 까맣고, 온몸에 털이 나 있다. 누에는 뽕나무 잎을 먹으며 자라는데, 3주 정도 지나면 살이

쪄서 온몸을 덮고 있는 털은 보이지 않게 된다.

더욱 크기 위해 1령 애벌레는 또 다시 잠을 자고 허물벗기를 하는데, 허물벗기를 한 애벌레는 전의 모습에 비해 갑자기 커진다. 누에는 이러한 허물벗기를 4번 거치면서 5령 애벌레가 된다. 5령 애벌레의 몸길이는 약 8cm라 한다. 한 번씩 허물벗기를 하고 나올 때마다 달라지는 애벌레 모습의 크기를 비교하면 그림과 같다.

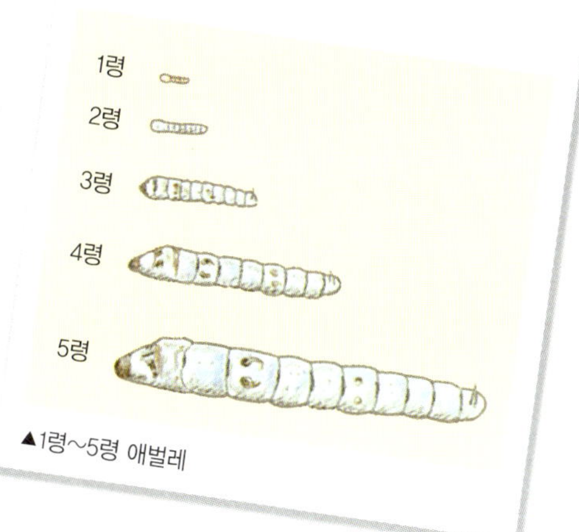

▲1령~5령 애벌레

애벌레는 5령 애벌레가 되면 다른 때보다 뽕잎을 아주 많이 먹는다. 이렇게 많은 양을 먹은 5령 말기 애벌레의 몸무게는 1령 애벌레 몸무게의 1만 배가 넘는다.

충분한 양의 뽕잎을 먹은 5령 애벌레의 몸이 노란 호박색으로 변하고 투명해지면, 마침내 입에서 실을 뽑아내기 시작한다. 머리로 8자를 그리며 뱉어 낸 실로 자신의 몸을 감싸고 자신만의 공간을 만드는데, 바로 이것이 비단을

▲누에고치

▲누에고치 안의 번데기

만드는 누에고치다.

누에가 고치 속에서 허물벗기를 하여 번데기가 되고, 12일쯤 지나 어른벌레의 모습으로 완전하게 변하면 이 고치를 뚫고 누에나방이 되어 세상으로 나온다. 자신이 만든 고치에서 지내던 누에 애벌레가 고치 밖으로 나오는 과정을 '탈피'라고 부른다.

이렇게 누에나방은 알→애벌레(1령~5령)→번데기→어른벌레(누에나방)의 과정을 거치며 자라며, 사람들은 애벌레가 번데기로 변할 때 만들어 낸 누에고치를 이용해 비단을 만든다.

### 누에고치에서 어떻게 실을 얻어 낼까?

누에는 자신의 머리로 8자를 그리며 실을 뽑아낸다. 그렇기 때문에 누에가 뽑아 낸 실은 끊어지지 않고 하나로 이어져 있다.

뭉쳐 있는 고치를 잘 풀어내기만 하면 1,000m에서 1,500m나 되는 실을 얻을 수 있는데 뜨거운 물에 고치를 담그면 하나로 뭉쳐 있던 실을 엉키지 않게 뽑아낼 수 있다. 이렇게 얻어 낸 실을 베틀 등을 활용하여 비단을 만든다.

## 곤충은 변신을 한다!

로봇이 변신하듯이 우리도 살면서 여러 번 변신을 할 수 있다면 얼마나 멋질까? 누에나방과 같은 곤충은 태어난 모습을 그대로 갖고 살아가는 것이 아니라 몇 번의 변신 과정을 거친다. 이것을 곤충의 변태라고 부른다. '모양이 변한다.'는 뜻의 한자어 변태이므로 다른 뜻과 헷갈리지 말자!

곤충의 변태는 대부분 비슷한 과정을 거치는데, 변태의 과정을 완벽히 거치는 곤충이 있는가 하면, 그 과정을 몇 단계 생략하는 곤충도 있다.

'알→애벌레→번데기→어른벌레'의 과정을 전부 거치는 것을 완전 변태(완전 탈바꿈)라고 한다. 완전 변태의 과정을 거쳐 성장하는 곤충에는 벌, 개미, 나비, 딱정벌레 등이 있다.

한편 잠자리는 번데기의 과정을 거치지 않고 여러 번의 허물벗기 과정을 거친 후 어른벌레가 된다. 잠자리와 같이 번데기의 과정 없이 여러 번의 허물벗기 과정만 거쳐 어른벌레가 되는 것을 불완전 변태(불완전 탈바꿈)라고 한다. '알→애벌레→어른벌레'의 불완전 변태의 과정을 거치는 곤충은 메뚜기, 매미, 사마귀 등이 있다.

▲잠자리

## 누에 때문에 만들어진 길, 실크 로드

'실크 로드'라는 말은 우리 말로 바꾸면 비단길이라는 뜻으로, 중국과 타클라마칸 사막의 북변을 통과하는 서역북도와, 남변을 경유하는 서역남도 두 길이 있다. 왜 이 길을 비단길이라 불렀을까?

중국은 4,500여 년 전부터 누에를 치기 시작했고 이를 이용해 좋은 품질의 비단을 만들었다. 중국의 한나라 때 인도, 페르시아, 터키, 로마 등에 비단이 소개된 후로 비단의 가치가 높아졌다. 한 예로 로마에서는 비단이 너무 귀해서 같은 무게의 금과 바꿀 정도로 비싸게 팔렸다고 한다. 인도, 페르시아, 터키, 로마의 상인들은 귀한 비단을 사기 위해 중국에 다녀가곤 했는데 이 때 상인들이 사용하던 길을 가리켜 '실크 로드'라고 부르기 시작했다. 이 비단길을 통해 동아시아에 '이슬람교'와 '불교'도 전해졌다.

### 나방과 나비의 공통점과 차이점은?

누에나방은 머리, 가슴, 배의 세 부분으로 이루어져 있다. 자세히 살펴보면 머리에는 1쌍의 더듬이와 1쌍의 눈이 달려 있고, 가슴 부분은 3쌍의 다리와 2쌍의 날개가 달려 있다. 이러한 모습은 누에나방만이 갖고 있는 모습이 아니라 대부분의 곤충이 갖고 있는 특징이다.



▲누에나방

한편 나비와 나방은 생김새가 비슷하다. 이 둘을 어떻게 구별하면 좋을까? 나비는 주로 낮에 활동하고 나방은 밤에 날아다닌다. 따라서 언제 보이느냐에 따라 나비인지 나방인지 알 수 있다.

▲나비

▲나방

또한 꽃 사이를 날아다니는 나비는 주변의 포식 동물로부터 자신을 보호하기 위해 화려한 색과 무늬를 갖고 있는 것이 특징이며, 이와 반대로 나방은 단조롭고 어두운 색을 갖고 있다. 뿐만 아니라 몸의 모양을 살펴보면 나비의 경우 몸이 가늘고 원통형인데 비해 나방은 몸이 굵고 넓적하다.

더듬이의 모양으로도 구별할 수 있다. 나비의 더듬이는 길고 가늘게 생겼으며 끝 부분이 두꺼운 곤봉처럼 생겼지만, 나방의 더듬이는 털 또는 깃털 모양을 하고 있다.

마지막으로 나비와 나방의 쉬는 모습을 통해서도 구별할 수 있다. 나비는 날개를 접은 채로 쉬고, 나방은 날개를 활짝 편 채로 쉰다.

하지만 모든 나비와 나방이 꼭 이런 특징을 갖고 있는 것은 아니다. 나비 중에도 팔랑나비의 경우, 더듬이가 긴 털로 덮여 있으며 굵고 끝이 가늘다. 또한 나방 중에도 뿔나비나방의 경우에는 몸이 가늘고 날개를 접은 채로 쉬며 낮에 활동한다. 이처럼 나비인데도 불구하고 나방의 특징을 갖고 있는 곤충도 있고, 나방인데도 불구하고 나비의 특징을 갖고 있는 곤충도 있다.

## 곤충 세계에서 통하는 곤충들의 언어



다음은 곤충들의 행동과 그 의미를 적은 것이다. 다음 중 설명이 바르지 않은 것은?

① 꿀벌의 8자 모양의 춤 – 먹이가 있는 곳을 알려 준다.
② 반딧불이의 불빛 – 짝짓기를 위해 보내는 신호다.
③ 매미의 울음소리 – 짝짓기를 위해 보내는 신호다.
④ 귀뚜라미의 합창 – 자신의 영역 표시를 위한 신호다.

방바닥에 과자를 떨어뜨렸다! 개미 한 마리가 과자를 발견했는데, 신기하게도 얼마 안 있어서 개미가 떼를 지어 나타났다. 어떻게 이럴 수 있을까?

그것은 개미만의 의사 전달 방법이 있기 때문이다. 개미의 몸속에서는 페로몬이라는 화학 물질이 분비되는데 이 페로몬을 통해 서로 정보를 나눈다. 먹이가 있는 곳까지의 길을 알려 주거나, 적군에게 공격과 방어를 하게 한다.

이러한 페로몬은 짝짓기를 위해 짝을 유혹할 때에도 사용할 수 있는데, 아주 적은 양으로도 먼 곳까지 신호를 보낼 수 있다고 한다. 개미뿐만 아니라, 나비나 무당벌레도 페로몬을 사용하여 자신의 영역을 표시하기도 하고 짝짓기를 하기도 한다.

벌에게도 개미와 마찬가지로 독특한 의사소통 방법이 있다. 벌 한 마리가 풍부한 꿀이나 꽃가루와 같이 먹이 근원지를 발견하면, 곧이어 벌통에 있던 엄청난 수의 다른 벌들이 그곳에 나타난다고 한다.

뿐만 아니라 한 벌통에 사는 벌들은 같은 종류의 꽃에서 꿀을 모으지만,

이웃 벌통의 벌들은 전혀 다른 종류의 꽃에서 먹이를 모은다고 한다. 벌들은 어떻게 이런 내용을 다른 벌에게 알릴까?

신기하게도 춤을 이용하여 먹이의 위치를 알려 준다고 한다. 춤의 모양은 먹이까지의 거리를 알려 준다. 먹이 탐색을 나간 벌은 먹이가 90m 이내에 있으면 둥근 춤을 추고, 90m보다 먼 곳에 있으면 8자 춤을 추어서 먹이의 위치를 알려 준다. 이때, 집에서 얼마나 멀리 있는가에 따라 일정한 시간 안에 8자를 그리는 횟수나 속도를 달리해서 정확한 위치를 알려 준다.

또한 해를 기준으로 했을 때, 춤의 방향은 먹이의 방향을 나타낸다. 꿀벌

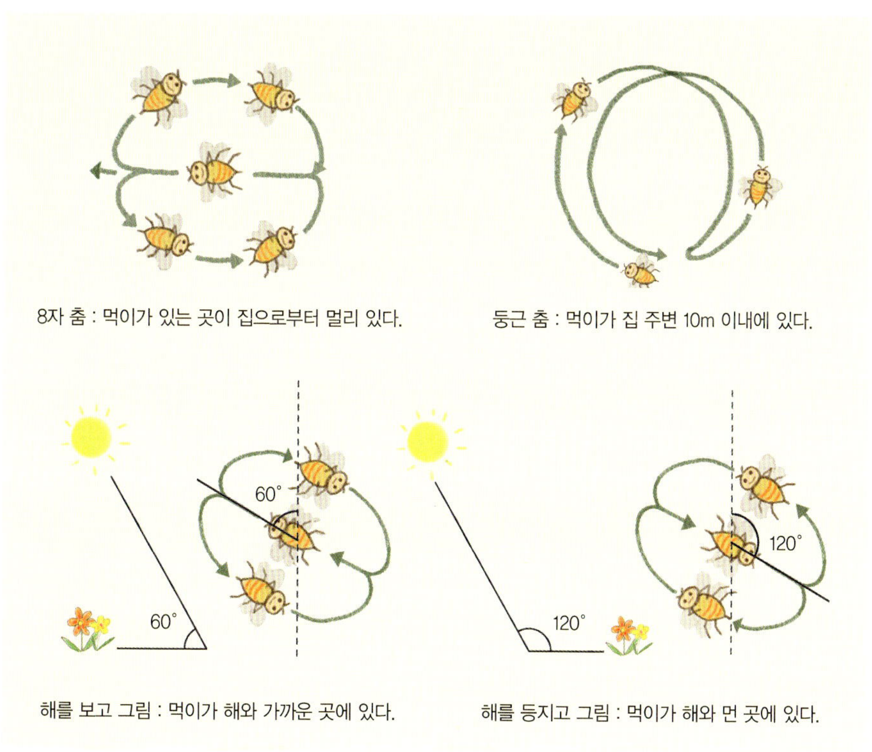


▲꿀벌은 춤으로 의사소통을 한다.

이 그리는 춤의 방향이 해를 보고 있으면 먹이는 해와 가까운 곳에 있다는 것을 말한다.

곤충들은 짝짓기를 위해 서로 신호를 주고받기도 한다. 반딧불은 암수가 불빛을 교환하여 짝짓기 상대를 만나고, 매미는 자신의 울음소리로 짝짓기할 매미를 부른다고 한다. 또한, 모기는 암컷이 날갯짓으로 소리를 내면 수컷이 촉각으로 감지하여 암컷에게 날아간다.

귀뚜라미는 수컷들이 합창으로 암컷을 유인하는데, 이때 암컷은 가장 씩씩하게 노래하는 수컷을 골라 짝짓기한다고 한다. 하지만 귀뚜라미의 노래가 늘 짝짓기를 위한 것은 아니다. 자신의 영역을 나타내기 위해 노래를 부르기도 한다. 또 귀뚜라미는 온도에 따라 날개를 비비는 횟수가 달라서 울음소리의 횟수에 따라 그곳의 온도를 측정할 수 있다고 한다.

# 개미는 길을 잃지 않고 잘 따라갈 수 있을까?

놀이터나 운동장에서 개미를 찾아보자. 개미들의 행동을 자세히 살펴보면 수많은 개미들이 줄을 지어 끊임없이 움직이고 있는 모습을 살펴볼 수 있다. 이 개미들이 지나는 길의 중간 부분의 흙을 여기저기로 흐트려 보자. 앞서 가던 개미의 뒤를 쫓아오던 개미들은 어떻게 행동할까?

 **준비물**

사진기, 먹잇감

 **탐구 순서**

① 개미가 줄지어 지나가는 곳을 찾아보자. (찾을 수 없으면 평소 개미가 잘 지나다니는 곳에 개미가 좋아할 만한 먹잇감을 놓는다.)

② 개미들이 먹이를 들고 어떻게 지나가는지 잘 살펴보고 그 모습을 사진으로 찍어 보자.

③ 줄지어 움직이는 개미 떼의 중간 부분의 흙을 이리저리 흐트려 보자.

④ 흩어 버린 부분 뒤쪽에 오던 개미들이 어느 쪽으로 움직이는지 관찰하고 그 모습을 사진으로 찍어 보자.

⑤ ②,④에서 찍은 사진을 비교해 보자.

### 실험 결과

개미가 지나가던 길을 흐트리면 뒤따라오던 개미들은 앞에 가던 개미의 페로몬을 찾을 수 없기 때문에 갈 곳을 못 찾고 흐트러진 흙 주변을 헤매다가 앞선 개미의 흔적을 찾아간다.

### 생각 나누기

· 개미는 어떻게 앞서 간 개미가 지나간 길을 알아차리는 걸까?

Chapter 02

# 식물의 뿌리, 줄기, 잎

# 식물의 뿌리, 줄기, 잎

▲김밥

'소풍' 하면 절대 빠질 수 없는 김밥! 소풍 전 날, 부모님과 장을 보러 간 기억을 떠올려 보자. 마트나 시장을 뛰어다니며 김밥 재료, 간식, 음료수를 살 때의 설레는 마음도 다시 한 번 느껴 보자.

치즈 김밥, 소고기 김밥, 야채 김밥, 누드 김밥, 참치 김밥 등 집집마다 김밥을 싸는 방법도 다양하고 또 종류도 다양하지만 김밥 속에는 빠지지 않고 꼭 들어가는 것이 있다. 무엇일까?

김밥을 싸는 모습을 본 적이 있는 친구라면 자신 있게 대답할 수 있다. 김과 밥 외에 깻잎, 단무지, 시금치, 당근, 오이, 우엉 등이 김밥에 들어간다.

이들은 모두 식물로부터 얻는다.

식물은 뿌리, 줄기, 잎으로 나눌 수 있다. 식물의 뿌리, 줄기, 잎의 생김새는 어떻게 다른지, 또 하는 일들은 어떻게 다른지 알아보자.



## 김밥의 당근, 단무지 넌 어디서 왔니?

김밥을 먹을 때 '아삭아삭' 씹히는 단무지. 단무지의 재료는 '무'로, 단무지가 되기 위해서는 일단 소금에 무를 절여 숨[*]을 죽여야 한다. 그런 다음 염분을 일정 부분 없애고 각종 첨가제를 넣어 일정 기간 숙성시킨다.

식물은 크게 뿌리, 줄기, 잎, 열매, 꽃 등으로 나눌 수 있는데, 단무지는 무의 뿌리 부분으로 만든다. 무의 뿌리 부분은 깍두기, 쇠고기 무국, 생선 조림, 동치미 등 음식의 곳곳에 이용되고 있다.

당근 또한 김밥을 만들 때 빠지지 않는 재료 중의 하나다. 김밥을 만들 때 사용하는 당근도 단무지와 마찬가지로 뿌리 부분이다. 당근의 뿌리 부분에는 비타민 A와 비타민 C가 풍부하기 때문에 김밥 외의 여러 요리에 사용되고 있다. 그동안 당근을 싫어했다면, 이제부터는 튼튼하게 자라기 위해서 조

▲무

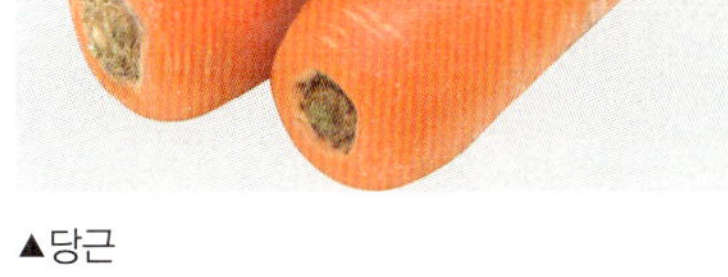

▲당근

금씩이라도 먹어 보자!

무와 당근의 뿌리. 이 둘의 생김새를 자세히 살펴보자. 무와 당근은 굵고 곧은 모양을 하고 있는데, 곧은 뿌리의 주변으로는 가는 잔털이 붙어 있다. 이때 곧고 굵은 모양의 뿌리를 원뿌리, 주변의 잔털과 같은 뿌리를 곁뿌리라고 한다.

모든 야채가 이런 뿌리를 가지는 것은 아니다. 잔털 뭉치로 이루어진 뿌리도 많이 있다. 이런 뿌리를 수염뿌리라고 한다. 보통 쌍떡잎식물과 겉씨식물*은 원뿌리와 곁뿌리를 갖고 있고, 외떡잎식물은 수염뿌리를 갖고 있다.

그렇다면 왜 무나 당근은 줄기나 잎보다 뿌리를 더 많이 먹는 것일까? 그것은 무나 당근의 뿌리가 양분을 저장하고 있기 때문이다. 따라서 무나 당근을 먹으면 몸에 좋은 영양소를 듬뿍 섭취할 수 있다.

하지만 모든 식물이 자신의 뿌리에 양분을 저장하고 있는 것은 아니다. 땅속에서 몸을 지지하기 위해서, 혹은 양분을 흡수하기 위해 존재하는 뿌리도 있다.

### 변형된 뿌리

저장, 운반, 지지의 역할을 벗어나 변형된 뿌리들이 있다. 공기뿌리, 부착 뿌리, 기생뿌리, 수중 뿌리 등이 바로 그것이다.

땅속에 들어가 있지 않고 흙 밖으로 나와 있는 뿌리를 공기뿌리라고 한다. 공기뿌리를 갖고 있는 식물에는 담쟁이덩굴, 팔손이 덩굴, 풍란 등이 있다.

부착 뿌리는 다른 식물에 붙어 식물을 지탱하도록 되어 있는 뿌리다. 덩굴손이 부착 뿌리를 갖고 있는 대표적인 식물이다.

다른 식물에 기생하며 양분을 빨아 먹고 사는 식물의 뿌리를 기
생뿌리라고 한다. 겨우살이가 대표적인 기생뿌리를 갖고 있는 식
물이다.

물에서 잘 버틸 수 있도록 지지해 주고 물 속의 양분을 흡수하는 식물의 뿌리를 수중 뿌리라
고 한다. 주로 물 위에 떠 있는 식물이 갖고 있으며, 개구리밥, 부레옥잠 등이 있다.

## 시금치, 깻잎 살펴보기



다음 식물들은 식용으로 사용되는 것들이다. 주로 사용되는 부위가
줄기인 것은 무엇일까?
① 양파    ② 감자    ③ 우엉    ④ 고구마

앞에서 김밥 재료인 단무지와 당근에 대해 알아보았다. 둘 다 뿌리를 이용
한다는 사실, 잊지 말자. 그럼 이번에는 뽀빠이[*]에게 힘을 불어넣어 주는 시
금치, 그리고 깻잎에 대해 살펴보자.

시금치와 깻잎은 식물의 줄기를 이용한다. 식물의 줄기는
식물을 넘어지지 않게 지탱해 주고 뿌리와 잎을 연결하여 각
종 양분이 식물의 곳곳으로 이동하게 해 준다.

줄기를 반으로 잘라 보면 물관과 체관이 있다. 물관과 체관
은 뿌리에서 흡수한 물과 양분, 잎에서 만든 양분이 이동하
는 통로다.

**뽀빠이**
만화 캐릭터로, 시금치를 먹으면 강해진다
는 특징이 있다.

▲시금치

▲깻잎

물관과 체관의 모양은 쌍떡잎식물과 외떡잎식물에 따라 다르다. 쌍떡잎식물은 물관과 체관이 명확하게 구분돼 있다. 형성층[*]을 중심으로 안쪽에는 물과 물에 녹은 무기 양분이 이동하는 물관이, 형성층 바깥쪽에는 잎에서 만든 양분이 이동하는 체관이 있다. 형성층은 물관과 체관을 구분해 주며, 식물의 줄기가 옆으로 자라게 해 준다. 쌍떡잎 식물과는 달리 외떡잎식물은 체관과 물관이 섞여 있다.

**형성층**
줄기의 생장점. 줄기가 굵어지게 해 주는 부분으로 쌍떡잎식물의 줄기에서 분명하게 관찰할 수 있다. 다른 이름으로 부름켜라고도 한다.

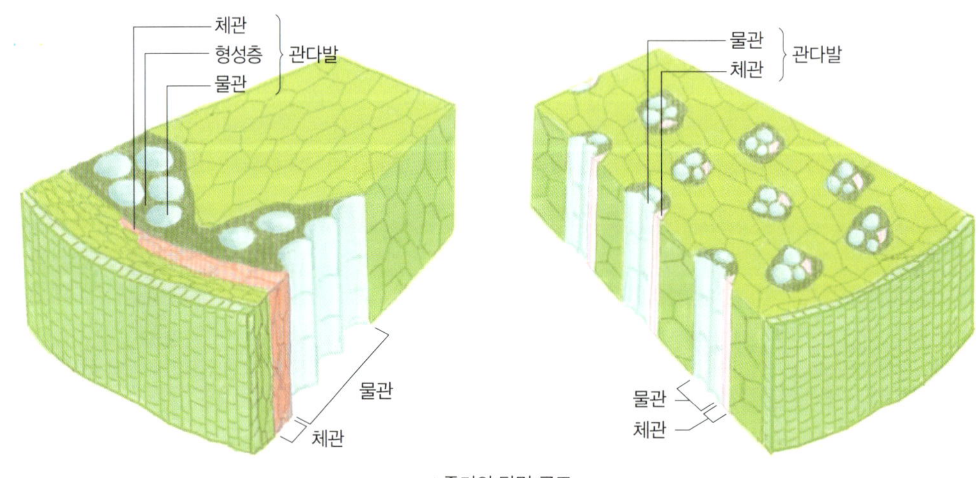


▲줄기의 단면 구조

## 줄기 모양도 참 다양해!

우리는 일상생활에서 다양한 모습의 줄기를 발견할 수 있다. 덩이줄기, 땅속줄기, 비늘줄기, 알줄기, 뿌리줄기 등이 그 예이다.

우리가 자주 먹는 감자는 감자 덩어리가 얻어지는 부분이 마치 뿌리인 것 같지만 사실 이것은 뿌리가 아니라 줄기가 변형된 것이다. 이곳에 감자의 양분이 저장되어 있다. 이렇게 줄기에 양분을 저장하는 형태를 덩이줄기라고 한다.

다른 것들을 감으면서 높이 뻗어 올라가는 줄기의 모습도 관찰할 수 있다. 대표적인 것으로 나팔꽃, 강낭콩이 있는데 이렇게 다른 것을 감으며 올라가는 줄기를 덩굴줄기라고 부른다.

딸기나 토끼풀을 살펴보면 가느다란 줄기가 옆으로 누워 자라는 것을 볼 수 있는데 이런 줄기를 기는 줄기라고 한다.

▲감자

▲나팔꽃 덩쿨

▲딸기 줄기

### 나무와 풀을 구분하는 기준은?

풀(초본)은 1년이 지나면 더 이상 옆으로 자라지 못하고 위로만 자란다. 관다발이 1년 후엔 역할을 멈추기 때문이다. 반면 나무(목본)는 위나 옆으로 모두 자라서 두꺼운 줄기로 성장한다.

풀줄기는 줄기가 연하고 잘 휘는 특성을 가지고 있으며 1년 생, 2년 생, 다년 생으로 나뉜다. 나무는 풀에 비하여 오랜 시간을 살 수 있고 줄기가 단단하여 생활 용품을 만드는 데 사용된다.

## 식물은 광합성을 좋아해!

시금치 잎과 깻잎의 모양, 색을 살펴보면 둘 다 넓고 납작하며 녹색을 띠고 있다. 이것은 식물의 잎이 하는 일과 밀접한 관련이 있다.

사람들이 음식을 먹어야 살아갈 수 있듯이 식물 또한 살아가기 위해서는 많은 에너지가 필요하다. 식물은 필요한 에너지를 스스로 만들어 낼 수 있다. 식물이 스스로 에너지를 만들 수 있는 까닭은 식물의 잎에 있는 '엽록체'가 '광합성'을 하기 때문이다. 엽록체는 녹색을 띠고 있는데, 이 때문에 식물은 초록색으로 보인다.

물과 이산화탄소, 햇빛만 있으면, 엽록체는 광합성을 해서 식물이 필요로 하는 에너지를 만들어 낸다.

잎의 뒷면에 있는 '기공'이라는 곳을 통해 들어온 '이산화탄소'와 뿌리에서 잎까지 올라온 '물'이 '햇빛'을 받으면 엽록체는 탄수화물이라는 에너지를 만든다. 이 에너지를 식물의 이곳저곳으로 보내고 산소를 공기 중으로 내보낸다.

사람들은 처음부터 식물이 광합성을 하여 에너지를 스스로 얻는다고 생각하지 않았다. 고대 그리스의 철학자 아리스토텔레스는 식물이 자라는 것은 흙 때문이라고 생각했고, 17세기의 벨기에의 의사 헬몬트는 이것을 확인해 보려고 흙이 든 화분에 물만 주면서 키워 보았다고 한다.

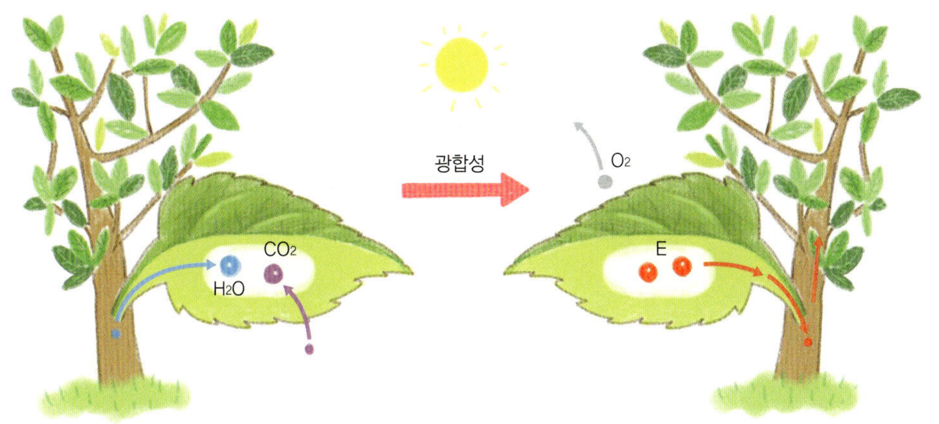



▲식물의 광합성

　그러던 중 영국의 프리슬리가 밀폐된 용기에 촛불만 넣어 두면 꺼지는데, 나뭇가지를 넣었을 때는 계속해서 타오른다는 것을 발견했고, 1770년대 후반 네덜란드의 잉겐하우즈가 식물의 녹색이 빛을 받았을 때만 공기가 회복되는 것을 발견함으로써 비로소 광합성에 대한 인식이 생기게 됐다.

## 잎이 둥글고 넓은 까닭

　광합성을 충분히 하기 위해서는 햇빛을 충분히 받을 수 있도록 가능한 넓은 모양을 가져야 한다. 하지만 잎의 모양이 항상 깻잎, 시금치처럼 둥글고 납작한 모양을 하고 있는 것은 아니다.

　햇빛을 골고루 받을 수 있도록 소나무, 전나무와 같이 바늘 모양의 잎도 있고, 단풍나무처럼 손바닥 모양으로 갈라져 있거나, 벼, 옥수수, 보리처럼 길게 펼쳐진 모양도 있다.

　식물의 잎은 가능한 빛을 많이 받기 위해서 겹쳐 나지 않는다. 이것을 잎

▲수국(마주나기)

▲강아지풀(어긋나기)

▲쇠뜨기(돌려나기)

▲은행나무(뭉쳐나기)

차례라고 하는데 수국, 개나리, 참깨는 두 장씩 마주 붙어 있으며(마주나기), 강아지풀, 해바라기, 미루나무의 잎은 한 가지에서 잎이 번갈아 붙어 있다(어긋나기).

쇠뜨기나 도라지는 잎이 난 곳에 세 장이 돌려 붙어 있고(돌려나기), 소나무나 은행나무는 한자리에 여러 장이 모여 난다(뭉쳐나기).

깻잎을 자세히 살펴보면 여러 가닥의 가는 줄인 잎맥을 관찰할 수 있다. 깻잎은 잎맥이 그물처럼 얼기설기 되어 있는데, 옥수수의 잎맥은 세로로 나

▲그물맥

▲나란히맥

란히 뻗어 있다. 깻잎처럼 그물 모양의 잎맥을 그물맥, 옥수수처럼 나란한 모양의 잎맥을 나란히 맥이라고 한다. 외떡잎식물은 나란히맥, 쌍떡잎식물은 그물맥을 갖고 있다.

## 여름에 숲이 시원한 까닭

나무의 뿌리에서 흡수된 물은 나뭇잎을 통해 빠져나가는 증산 작용을 한다. 증산 작용은 햇빛이 강하고 기온이 높을수록 잘 일어나는데, 여름에는 햇빛이 강하고 기온이 높기 때문에 다른 계절에 비해 증산 작용이 활발하게 일어난다.

이러한 증산 작용의 결과, 나뭇잎을 빠져나가는 물은 수증기의 형태로 나간다. 이때 수증기는 증발하기 위해 주변의 열을 빼앗아 가고 이로 인해 기온이 낮아진다. 특히 숲에는 나무가 많기 때문에 증산 작용이 활발히 일어나며, 이러한 증산 작용 덕분에 숲 안에 있으면 시원함을 느낄 수 있다.

# 관다발 김밥 만들기

쌍떡잎식물의 줄기를 만들어 보자. 자신이 가장 좋아하는 야채와 김밥 속을 3가지 준비하여 체관, 형성층, 물관을 정해 보자.

## 준비물

밥, 김, 김말이개, 김밥 속 재료 1·2·3, 일회용 장갑

## 탐구 순서

① 김말이개 위에 재료 1을 올린 후 밥을 위에 골고루 편다.(재료 1은 넓게 퍼지는 재료로 선택하는 것이 좋다.) 재료 2를 드문드문 올려놓고 김말이개로 둥글게 말아 놓는다.

② 다시 김말이개 위에 밥을 펴 놓은 후 재료 3을 올린다. 그 위에 ①을 올려놓은 후 김말이개로 완전히 말아 골고루 힘을 준다.

③ 먹기 좋은 크기로 자르면 관다발 김밥 완성!

### 🥛 실험 결과

관다발에 체관, 형성층, 물관이 있듯이 김밥 속에서도 체관, 형성층, 물관을 발견할 수 있다.

### 🍶 생각 나누기

· 재료 1, 2, 3은 관다발의 무엇과 같을까?

Chapter 03

# 마왕퇴의 참외

# 마왕퇴의 참외

▲마왕퇴에서 발견된 미라

　이집트 유물이 전시된 박물관에 가면 미라를 보관한 관, 미라 등을 볼 수 있다. 이집트 사람들은 영혼은 죽지 않지 않는다고 믿었다. 그래서 시신을 썩지 않도록 보존하는 것이 중요하다고 생각했고, 방부제 등을 사용하여 미라를 만들었다.

　세상에는 만들어진 미라만 있는 것은 아니다. 자연적으로 미라가 만들어지기도 한다. 건조하거나 추운 환경 속에 묻히거나 화학물 때문에 미라가 만들어지기도 하는데, 이런 미라가 발견되어 세상을 놀라게 하는 경우가 종종 있다.

　한번은 1972년 중국의 호남성 장사시 마왕퇴에서 이런 일이 일어났다. 병원

창고를 지으려다 죽은 지 2천 년이 지난 여인의 시체를 발견한 것이다.

이 여인은 온몸이 부드럽고 윤기가 흘렀으며 발가락의 지문과 땀구멍까지도 생생하게 남아 있었다. 뿐만 아니라 여인이 죽었을 당시 먹었던 음식물 중 미처 소화되지 못한 것도 위 속에 그대로 남아 있었다. 그중에는 참외 씨도 있었는데, 이 참외 씨를 일부 심어 보았더니 싹을 틔웠고 참외를 수확할 수 있었다.

시신 속에서는 싹을 틔우지 못하던 참외 씨가 싹을 틔울 수 있었던 이유는 무엇일까?

## 왜 안 텄나? 싹 틀 조건!

씨앗은 식물들이 다음 자손을 위해 남겨 놓은 유산이라고 할 수 있다. 이 씨앗이 제대로 크기 위해서는 일정한 조건을 만족해야 한다. 만약 이 조건이 만족되지 않으면 씨앗은 부모로부터 물려받은 유산의 힘을 발휘할 수 없다. 그렇다면 어떤 조건이 필요한 걸까?

먼저, 씨앗은 싹을 틔우기 위해 적절한 온도에 있어야 한다. 예를 들어 26~37℃에서 씨앗을 틔우는 강낭콩의 경우, 싹을 틔우기 위해서는 26~37℃에 있어야 한다.

하지만 모든 씨앗이 같은 온도에서 싹을 틔우는 것은 아니다. 식물

마다 싹트고 자라는 온도가 다르기 때문에, 식물을 키우려고 마음을 먹었다면 먼저 그 식물이 잘 자라는 환경에 대해 알아봐야 한다.

다음으로, 씨앗은 적당한 양의 물을 필요로 한다. 따라서 무조건 물을 많이 주는 것이 좋은 것은 아니다. 물을 너무 많이 주면 썩을 수도 있다.

마지막으로, 공기가 있어야 한다. 적당한 온도와 물이 있더라도 공기가 없으면 식물은 싹을 틔울 수 없다. 미라 몸속에 있던 참외 씨앗이 틔우지 못했던 것은 적당한 온도, 물, 공기가 없었기 때문이다.

### 콩은 벼들의 파수꾼이었다고?

콩의 뿌리에는 '뿌리혹박테리아'라는 것이 살았다. 이 '뿌리혹박테리아'는 콩에게 필요한 양분을 만들어 주는 역할을 했기 때문에 콩은 거름기가 없는 땅에서도 잘 자랄 수 있었다. 이것은 다른 미생물이 콩이 있는 지역을 쉽게 통과하지 못하도록 하기도 했다. 그래서 우리 조상들은 논두렁에 콩을 심었다고 한다. 논두렁에 심어 놓은 콩들이 벼에 해로운 병해충이 들어오지 못하게 막아 줘서 벼를 튼튼하게 키울 수 있었기 때문이다.

### 씨앗 관찰하기



다음 사진은 무엇의 일부를
나타낸 것일까?

식물들은 자신의 자손을 번성하기 위해 씨앗을 남기는데, 씨앗의 모양이나 색깔, 크기는 식물마다 다르다. 다음 사진을 보며 비교해 보자. 해바라기 씨, 팥, 옥수수씨, 강낭콩 모두 모양, 색깔, 크기가 다르다는 것을 알 수 있다.

▲해바라기 씨

▲팥

▲옥수수씨

▲강낭콩

그렇다면 씨앗의 속 모양은 어떨까? 씨앗은 아래의 그림처럼 감 씨나 강낭콩의 모습을 하고 있다. 이 두 씨앗의 속이 다 같지는 않지만 공통적으로 갖고 있는 부분이 있는데, 바로 '씨껍질'과 '배'다.

'씨껍질'은 씨앗을 둘러싸고 있는 단단한 부분으로 씨앗을 보호해 준다. '배'는 앞으로 싹이 터서 식물이 될 부분이며 '배젖'은 싹이 틀 때 '배'에 필요한 양분을 저장하는 곳이다. 한편 모든 씨가 배젖을 갖고 있는 것은 아니다. 강낭콩은 배젖 대신 떡잎에 영양분을 저장한다.

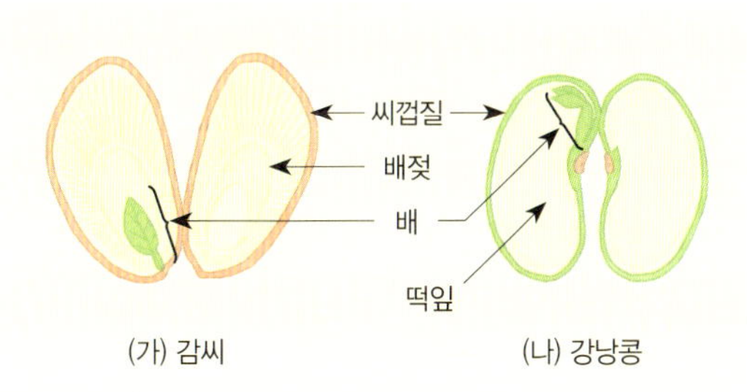



▲씨의 구조

감과 같이 배와 배젖을 갖고 있는 식물에는 벼, 복숭아, 감자 등이 있고, 강낭콩과 같이 배와 떡잎을 갖고 있는 식물에는 완두, 밤 등이 있다.

## 쌍떡잎식물과 외떡잎식물을 구분해 보자.

앞 장과 이번 장에서 설명한 쌍떡잎식물과 외떡잎식물의 다른 점을 중심으로 정리해 보자.

|  | 쌍떡잎식물 | 외떡잎식물 |
| --- | --- | --- |
| 씨앗 | 배와 떡잎만 있다. | 배, 배젖, 떡잎으로 이루어져 있다. |
| 줄기 | 물관, 체관, 형성층이 확실하게 나뉘어 있다. | 물관, 체관이 여기저기 흩어져 있고, 형성층이 없다. |
| 잎맥 | 그물맥으로 이루어져 있다. | 나란히맥으로 이루어져 있다. |

▲쌍떡잎식물과 외떡잎식물의 차이점

## 식물들은 씨앗이 아닌 다른 방법으로도 자손을 남긴다고?

식물이 꼭 씨를 통해서만 번식하는 것은 아니다. 잎이나 줄기, 뿌리의 일부만 심어도 그 자리에서 새로 뿌리를 내리고 살아가는 경우도 있다.

베고니아는 잎을 잘라서 젖은 모래에 꽂아 두면 새로 뿌리가 내려 자라고, 딸기는 씨앗이 아닌 줄기가 옆으로 뻗어 새로운 딸기를 자라게 한다. 따라서 딸기를 기르려면 씨앗이 필요한 것이 아니라 딸기의 줄기가 필요하다.

▲베고니아

▲딸기

## 식물이 잘 자라려면

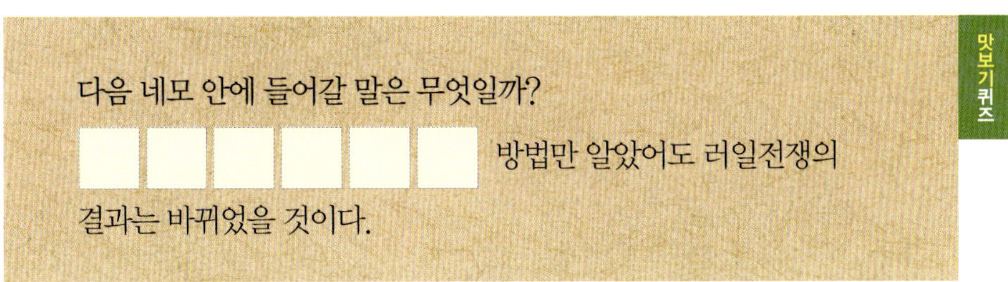


새싹이 잘 자라려면 적절한 온도에서 햇빛과 물, 양분이 충분해야 한다. 햇빛은 식물이 양분을 만들 수 있는 힘을 제공한다. 햇빛을 덜 받으면 잎이 크기가 작고, 색깔이 옅어지거나 줄기가 가늘어진다. 물은 새싹이 형태를 유지할 수 있도록 해 주고, 곳곳으로 양분이 이동하도록 도와준다. 물이 부족할 경우에는 새싹의 잎과 줄기가 시들고 심하면 말라죽기 때문에, 어른 식물로 잘 자랄 수 있도록 적절한 물을 제공해 줘야 한다.

또한 식물이 자라는 데는 적절한 양분이 필요하다. 질소, 칼슘, 황, 인, 마그네슘, 칼륨과 같은 무기 양분이 필요한데, 이것은 흙을 통해 얻을 수 있다. 죽은 동물이나 나뭇잎과 같은 식물들이 죽어서 땅속에 묻히면, 시간이 지나 분해되는데, 이런 과정에서 양분이 생긴다.

양분, 물, 햇빛이 충분히 있더라도 식물을 기르는 곳의 온도가 너무 높거나 낮으면 잘 자라기 어렵다. 식물마다 잘 자랄 수 있는 온도가 다른데 식물에 맞는 적절한 온도를 만들어 주어야 식물이 잘 자랄 수 있다.

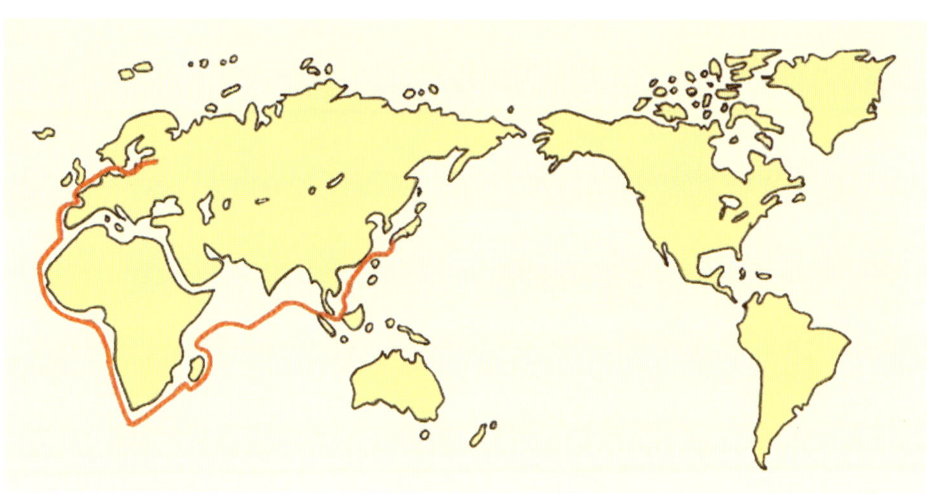

▲러일전쟁 당시 세계 지도

위의 세계 지도에 있는 빨간 선은 러일전쟁 당시 러시아가 일본을 치기 위해 함대를 이끌고 지나간 길이다. 이렇게 긴 항해를 하고 일본과 전쟁을 제대로 치루기 위해서는 식량 보급을 철저히 해야 했고, 군사들이 건강해야 했다. 하지만 일본과 동맹을 맺은 영국과 독일의 방해로 러시아는 식량 보급을 제대로 할 수 없었다고 한다.

신선한 채소를 먹지 못한 러시아의 군인들은 비타민 C가 부족하면 생기는 괴혈병[*]에 걸려 건강 상태가 좋지 않았고 오랜 항해로 일본과의 전쟁을 승리로 이끌기 어려웠다.

놀라운 사실은 러시아가 일본과 큰

**괴혈병**
비타민 C의 결핍으로 생기는 병. 기운이 없고 잇몸, 점막과 피부에서 피가 나며 빈혈을 일으키고, 심하면 심장 쇠약을 일으키기도 한다.

싸움을 벌였던 뤼순에는 콩이 가득했다고 한다. 콩에는 비타민 C가 없지만 콩에서 기른 콩나물에는 비타민 C가 풍부하다. 만약 러시아군이 콩나물 기르는 방법을 알았다면 러일전쟁에서 러시아가 승리했을 수도 있지 않았을까?

## 식물의 생존전략



숲에 사는 나무들을 자세히 살펴보면 어떤 나무의 아래에는 풀과 작은 나무들이 넝쿨져 있고 어떤 나무의 아래에는 이끼조차 살지 않는다. 이런 차이가 있는 까닭은 무엇일까?

사막은 물이 부족하고 햇빛도 강렬할 뿐만 아니라 기온도 너무나 높은 곳이어서 일반적으로는 식물이 잘 자라기 어렵다. 하지만 이곳에도 식물이 살고 있다. 식물이 살아남기 위해 자신의 모습을 조금씩 변화시켰기 때문이다.

예를 들어 선인장이나 알로에는 부족한 물을 저장하기 위해 자신의 줄기를 두껍게 만들어 그 안에 물을 저장한다. 그리고 잎은 물을 많이 소비하지 않도록 바늘과 같은 형태로 바꿨다.

소나무의 잎 모양을 잘 살펴보면 바늘과 같이 가늘고, 참나무의 잎은 넓다는 것을 알 수 있다. 잎이 넓은 참나무

▲선인장

▲알로에

는 햇빛을 훨씬 잘 받을 수 있어서 잘 자랄 수 있지만 소나무는 그렇지 않다.

따라서 소나무는 잘 자라기 위해 각종 전략을 사용한다. 먼저 해충이나 미생물이 침입하지 않도록 자기를 방어하는 물질인 피톤치드를 내뿜어 자신의 주변에 다른 식물이 자라지 않도록 한다. 또한 자신의 뿌리에도 독성을 내뿜어 잎이 넓은 나무가 침입하지 못하도록 한다.

### 양분을 충분히 얻을 수 없는 땅에서는 식물이 자랄 수 없을까?

양분이 충분하지 않고, 강한 산성을 띤 이끼가 끼어 있는 습기 찬 땅에서도 식물은 자란다. 대표적인 예가 바로 식충 식물.

▲파리지옥

▲벌레잡이 제비꽃

▲끈끈이 주걱

▲네펜데스

식충 식물은 대부분 키가 작기 때문에, 다른 키 큰 식물들로부터 가려진 햇빛을 받기 위해선 이끼가 낀 습기 찬 땅에서라도 살아야만 했다.

이런 척박한 땅에 뿌리를 내린 식충 식물은 흙에서 충분한 양분을 얻기 힘들어지자, 영양분을 얻을 수 있는 새로운 방법을 찾았다. 뿌리로는 물을 빨아들이고, 잎으로는 곤충을 유인하여 잡아먹는 것이다.

전 세계에는 약 600종의 식충 식물이 살고 있는데, 곤충(파리, 모기, 진딧물, 거미, 나비)이나 물속에 사는 작은 생물들을 주로 잡아먹고 살아간다.

# 식물을 이용한 염색

식물을 통해 우리는 아름다운 색을 낼 수 있다. 식물은 뿌리, 줄기, 잎에 다양한 색을 갖고 있기 때문이다. 색을 천에 입히는 것을 염색이라고 하는데, 치자, 쑥 등이 바로 우리 생활에서 활용되고 있는 천연 염색의 재료다. 양파, 당근에서도 색을 얻을 수 있는데, 양파, 당근을 이용하여 천연 염색을 해 보자.

 **준비물**

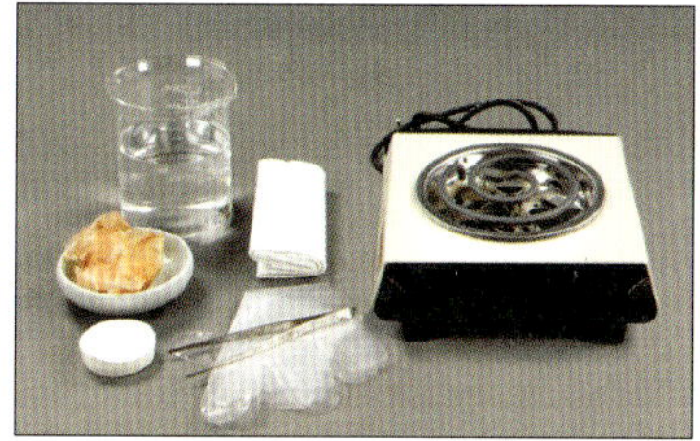

일회용 장갑, 집게, 양파 겉껍질, 버너, 비커, 흰색 천, 백반, 물

 **탐구 순서**

① 비커에 양파 껍질과 물을 붓고 충분히 가열한 후,(처음에는 강한 불로 가열하다가 끓기 시작하면 약한 불로 20분 동안 가열한다.) 체로 받쳐 찌꺼기를 걸러 낸다.

 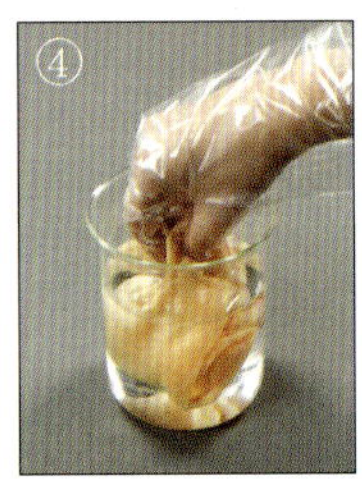

② 걸러 낸 물에 준비한 천을 담구고, 골고루 색이 밸 수 있도록 한다.

③ 천에 색깔이 적당히 배면 천을 꺼내어 물에 헹군 다음 천을 말린다.

④ 물 3L에 백반 3g을 넣어 녹인 후 건조한 ③의 천을 담구고, 30분 동안 주물러 준다. 깨끗한 물에 천을 헹군 후 중성 세제로 빨아서 천을 말린다.

※ ①의 과정 대신에 풋감을 믹서기로 갈아 즙을 낸 후 소금을 섞어 주면 감을 이용하여 천을 염색할 수 있으며, 포도 껍질의 즙을 내서도 염색할 수 있다.

## 실험 결과

하얀 색의 천이 무슨 색으로 변했을까?

하얀 색의 천을 양파를 이용하여 염색을 하면 노란 물이 곱게 든다.

## 생각 나누기

· 당근으로도 염색을 해 보자.

· 양파, 당근 외에 염색할 수 있는 식물에 뭐가 있을까?

Chapter 04

# 매머드가
# 사라진 이유

# 매머드가 사라진 이유

▲아기 매머드 디마

　1977년, 시베리아 북동부에서 냉동 상태의 아기 매머드 미라가 발견되었다. 이 매머드에게는 '디마'라는 이름이 붙여졌다.

　신생대에 살았던 매머드 디마는 약 70cm의 크기로, 지금으로부터 약 4만 년 전 늪지대에 빠져 죽은 것으로 추정된다.

　디마의 눈과 코는 얼어붙은 땅에 눌려 납작해져 있었지만, 피부와 몸통에 난 털, 그리고 몸속의 장기들은 너무나도 잘 보존되어 있었다. 심지어 살아 있을 당시에 먹었던 풀이 아직 소화되지도 않은 채 위 속에 남아 있을 정도로 상태가 좋았다.

디마는 현재 전 세계의 사람들에게 러시아의 고생물학을 알리는 홍보 대사 역할을 톡톡히 하고 있다.

매머드는 1년 내내 추운 시베리아에 많이 살았는데, 긴 털과 두꺼운 피부 때문에 그 어느 동물보다 추위에 잘 적응할 수 있었다. 매머드는 어깨 부분에 에너지 저장고인 기름 주머니를 가지고 있어서 여름 동안 이곳에 영양을 비축했다가 겨울철에 사용하곤 했다. 또한 코끼리에 비해 짧은 코를 가지고 있었지만, 상대적으로 어금니가 길어서 눈을 파헤쳐 먹이를 찾는 데 유용했다.

코끼리보다 덩치가 크고, 사람보다 힘이 센 매머드. 하지만 우리는 더 이상 살아 있는 매머드를 볼 수 없다. 왜 매머드는 멸종하고 말았을까?

마지막 빙하기가 끝나던 시점인 1만 2천 년 경, 기온이 올라가고 빙하가 녹으면서 시베리아 지역에 홍수가 났다. 그 결과 매머드의 서식지인 대초원과 먹이가 사라져 버렸고, 따뜻해진 기후에서 두꺼운 피부와 긴 털은 오히려 그

들의 생존을 위협하기 시작했다.

이제 멸종되어 더 이상 볼 수 없는 매머드. 그리고 4만 년 전에 죽어 미라로 발견된 아기 매머드 '디마'. 그들은 과연 우리에게 무엇을 말해 주는 걸까?

### 동물일까, 식물일까?

지구에서 살고 있는 생명체는 크게 동물과 식물로 나눌 수 있다. 식물과 동물의 커다란 차이점 중의 하나는 바로 영양분을 섭취하는 방법이다. 동물은 식물이나 동물 등 다른 생물을 먹어야 필요한 영양분을 얻을 수 있다. 하지만 식물은 땅속에 있는 양분을 흡수하거나, 이산화탄소, 물, 태양 에너지를 통해 필요한 영양분을 스스로 만들어 낸다.

그렇다면 사람은 동물일까, 식물일까? 우리가 힘을 내서 공부를 하고, 운동장을 뛰어놀 수 있는 것은 매일 엄마가 해 주시는 맛있는 밥, 고기, 과일과 같은 음식을 먹기 때문이다. 이때 우리가 먹는 음식을 잘 살펴보자. 쌀로 만든 밥, 고기, 과일 모두 다른 생물로부터 얻은 것들이다. 결국 우리 사람은 다른 생물을 먹어서 영양분을 얻는 '동물'이라고 할 수 있다.

동물은 스스로 영양분을 만들어 낼 수 없어서 다른 식물이나 동물을 찾아 나서야 한다. 그래서 자유롭게 이동할 수 있는 능력을 갖추고 있지만 식물은 그렇지 못하다. 식물은 바람, 물, 곤충이나 동물 등의 자연을 이용해서 이동을 한다.

그러나 모든 동물이 다 움직일 수 있는 것은 아니다. 바다 속의 산호나 말미잘처럼 이동을 포기하고 한자리에 고정해서 살아가는 동물도 있다. 산호나 말미잘은 식물처럼 보이지만, 먹이를 잡아서 영양분을 섭취하는 동물의 특성을 갖고 있다.

동물과 달리, 식물은 필요한 영양분을 몸속에서 만들어 내는 신기한 능력이 있다. 식물은 대부분 광합성을 해서 스스로 필요한 영양분을 만들어 낸다. 만약 사람에게도 이런 능력이 있다면, 얼마나 좋을까? 이런 능력만 있다면 하루 종일 뛰어놀아도 끄떡없을 테니 말이다.

하지만 식물처럼 보여도 광합성을 하지 못하는 것이 있다. 바로 버섯! 버섯은 식물처럼 땅에서 자라지만 식물의 잎에 있는 녹색 색소인 엽록소가 없기 때문에 광합성을 할 수 없다. 그렇다면 버섯은 무엇을 먹고 살까? 썩은 풀이나 나뭇잎, 이끼

▲ 버섯

같은 숲 속의 찌꺼기를 먹고 산다.

따라서 버섯이나 곰팡이는 동물, 식물과 다른 특성을 갖고 있어서 따로 분류한다.

## 생물계의 분류

생물을 나누는 분류 체계는 지구상에 살고 있는 다양한 생물에 질서를 부여하기 위해서 인간이 만든 체계다. 현대의 생물 분류는 5계 체계를 따르고 있지만, 이 체계는 앞으로 더욱 향상, 발전되어 얼마든지 달라질 가능성이 있다.

한편 5대 분류계에 속하지 않으면서 생물과 무생물의 특징을 모두 가지고 있는 것으로 바이러스가 있다.

**진핵생물**
세포 안에 뚜렷한 핵과 핵막, 다양한 세포 소기관을 가지고 있는 생물

**원핵생물**
핵이 없고 막에 부착된 세포 소기관으로 살아가는 생물

| | | |
|---|---|---|
| 식물계 | 스스로 영양분을 만들고, 다세포로 이루어져 있다. | **진핵*생물** |
| 균계 | 버섯, 곰팡이 등. 단세포 또는 다세포의 진핵생물로 스스로 영양분을 만들지 못하고 대부분 육지에 산다 | |
| 동물계 | 가장 구조가 복잡하고 먹이를 외부에서 섭취해야 하는 생물. 진핵 세포로 이루어진 다세포 구조를 가지고 있다. | |
| 원생 생물계 | 바다 속에 사는 해초는 식물이 아닌 원생 생물계에 속하는 생물이다. 진핵 세포로 이루어져 있으며 단세포 또는 다세포로 구성된다. | |
| 원핵 생물계 | 모든 박테리아, 세균이 여기에 속한다. 해양 또는 육지에 살며 주로 흡수에 의해서 영양분을 섭취한다. | **원핵*생물** |

▲생물계 분류 체계

## 가축과 야생 동물의 차이는?



사람이 무엇인가를 얻기 위해서 또는 애완의 목적으로 기르는 동물을 가축이라고 한다. 다음 중 가축이 아닌 것은 무엇일까?
① 털을 주는 양
② 고기와 알을 주는 닭
③ 재롱을 피워 즐거움을 주는 개
④ 짐을 나르는 낙타
⑤ 젖을 주는 산양
⑥ 고기를 주는 돼지

사람에게 도움을 주는 동물을 가축이라고 한다. 가축은 사람에게 우유, 고기, 알, 털, 가죽 등을 주고, 때로는 일을 하는 데 힘을 보태 준다. 또 직접적으로 사람에게 도움을 주는 것은 아니지만 가까이에서 사람을 기쁘게 하는 개, 고양이, 앵무새 같은 애완동물도 가축에 포함된다.

모든 가축은 야생 동물의 후손이다. 가축이 야생 동물과 모습이 많이 다른 이유는 더 유용하고, 더 마음에 들도록 사람들이 오랜 시간에 걸쳐 품종을 개량했기 때문이다. 야생 동물이 가축이 되려면 몸이 튼튼하고, 사람을 잘 따르고, 쓸모가 있어야 하고, 번식이 쉬우며, 기르고 관리하는 데 어려움이 없어야 한다.

야생 동물들이 자연의 선택에 의해 점점 변했다면, 가축은 인간의 목적에 따라 점점 변했다. 이러한 선택들이 수백, 수천 년 쌓이다 보니 작은 변화가 큰 변화가 되어서 오늘날 가축의 모습을 만들었다.

그럼 인간의 목적에 따라 변한 동물에는 어떤 것들이 있는지 살펴보자.

▲ 돼지

▲ 멧돼지

'꿀꿀꿀꿀' 하면 자연스럽게 떠오르는 돼지! 사람들이 집에서 기르는 분홍색 돼지는 고기와 기름을 얻기 위해 변화시킨 동물이다. 원래 돼지의 조상은 멧돼지로, 멧돼지는 돼지보다 덜 뚱뚱하고 털이 많다. 사람들에게 고기, 우유, 털 등을 아낌없이 주는 양. 양의 조상은 산양인데, 양은 산양보다 몸에 털이 더 많다.

집에서 기르는 동물과는 달리, 동물원에서 우리가 볼 수 있는 동물은 야생

▲ 양

▲ 산양

동물이다. 야생 동물은 사람들의 목적에 의해 변화되지 않고, 자연에 적응하며, 지금까지 살아남은 동물들이다.

## 동물원에도 개가 있을까?

야생 동물보다는 애완동물에 가까운 개. 동물원에는 야생 동물만 있다는데, 과연 개가 동물원에 있을까? 과천에 있는 서울동물원에 한번 가 보자. 이곳에는 삽살개와 진돗개 그리고 풍산개가 있다.

삽살개는 우리나라 고유의 토종개다. 일제강점기 때 도살되어 멸종 위기에 놓인 것을 경북대학교에서 복원, 번식하여 1992년 천연기념물 제368호로 지정되었다.

1962년 전남 진도에서 천연기념물로 지정된 진돗개는 충성심이 강하고 용맹한, 우리나라를 대표하는 사냥개다.

풍산개는 우리나라 토종 동물로 북한의 풍산 지방이 원산지다.서울동물원에 있는 풍산개는 북한의 중앙 동물원으로부터 왔다.

▲삽살개

▲진돗개

▲풍산개

### 같은 원숭이라도 남다른 개성이 있다!

가수 MC몽의 별명은? 바로 원숭이다! 그렇다면, 원숭이를 영어로 뭐라고 할까? 'monkey'라고 하며 '긴 꼬리를 가지고 있다.'는 뜻을 갖고 있다.

영어 이름만큼이나 꼬리가 긴 원숭이는 주로 나무 위에서 생활하며, 팔과 다리가 길다.

동물원에 가면 우리는 다양한 원숭이들을 볼 수 있다. 각각의 원숭이들은 이름도, 사는 곳도, 생긴 모습도 다르다.

일본에 주로 분포하는 일본원숭이는 원숭이들 중 가장 북쪽에 살고 있으며, 추운 겨울에도 밖에서 활발히 활동할 수 있다.

애니메이션에도 등장한 알락꼬리여우원숭이는 아프리카 남동의 마다가스카르 섬에 주로 산다. 흑백의 알록달록한 무늬의 긴 꼬리를 가지고 있다. 생김새가 여우를 닮았고 알록달록한 긴 꼬리를 가지고 있다고 해서 알락꼬리여우원숭이로 불린다.

마치 안경을 쓴 것만 같은 안경원숭이는 필리핀, 보르네오, 수마트라를 포함한 동남아시아의 몇몇 섬에 산다. 나무에 수직으로 매달릴 수 있고 이 나무에서 저 나무로 뛰어서 이동한다. 뒷다리가 길고 발가락 끝이 판 모양으로 확장되어 나무에서 잘 살아갈 수 있다.

▲ 원숭이

▲일락꼬리여우원숭이

▲안경원숭이

# 다윈이 발견한 진화의 증거!

아주 오래전, 사람들은 '세상에 존재하는 모든 것은 신이 만든 것'이라 믿었다. 당시 사람들은 신의 모습을 본떠 인간을 만든 것이라고 생각했다.

그러나 인간이 신의 모습을 본떠 만들어진 것이 아니라 원숭이를 닮은 조상으로부터 진화했다고 주장한 사람이 있었다. 바로 찰스 다윈이다.

다윈은 5년 동안 세계 각지를 탐험하는 영국의 해군 조사선 비글호를 탔다. 그가 배에 오른 지 만 4년이 다 되어 가던 1835년 어느 날, 비글호는 남아메리카 대륙의 태평양 연안에 있는 갈라파고스 군도에 도착했다. 갈라파고스 군도의 섬들은 서로 가까이에 있었는데, 섬을 이루고 있는 흙과 섬의 높이, 기후 등이 비슷했다. 그렇기 때문에 그곳에 사는 생물들도 모두 비슷해야 마땅했지만 실상은 그렇지 않았다.

갈라파고스에는 에스파냐 말로 '거대한 거북'이라는 아주 크고 무거운 거

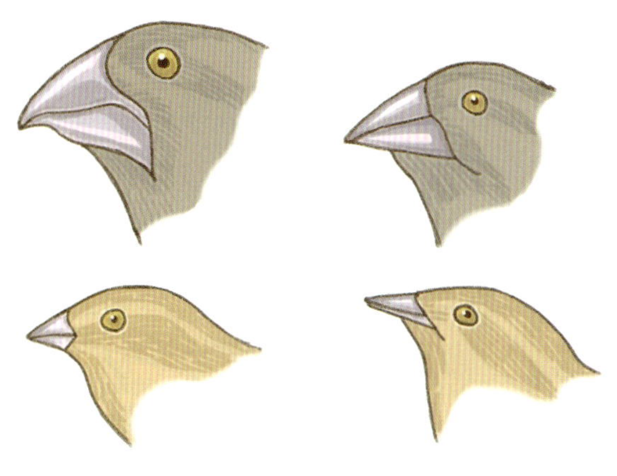



북이가 있었는데, 어느 날 현지 부 총독인 로슨이 다윈에게 "여긴 섬마다 거북의 모양이 달라서 어떤 거북이 어느 섬에 사는지 확실히 알 수 있다."고 자랑을 했다. 이 말을 듣고 다윈이 관찰해 보니 거북뿐 아니라 14종의 핀치새도 제각기 다른 부리 모양을 가지고 있다는 것을 발견할 수 있었다.

오랜 연구 끝에, 다윈은 원래 한 종류의 새가 갈라파고스 군도로 옮겨 와 살게 되었는데, 각기 떨어져 있는 섬에서 서로 다른 먹이를 먹으며 살다 보니, 먹이를 먹기 편한 형태로 새들의 부리가 변하게 되었다는 결론을 내리게 됐다.

결국 서로 다른 환경에 적응하기 위해 '진화'*를 했다는 것이다. 1859년 다윈은 '종의 기원'이라는 책을 통해 진화를 처음 세상에 알렸다. 다윈의 주장에 따르면, 생물은 그것을 둘러싼 환경에 의해서 살아남을 것인지 아닌지가 결정된다고 한다.

생물은 필요한 것보다 훨씬 더 많은 수의 자손을 낳는다. 이렇게 계속 수가 늘어나면 생물들은 제한된 먹이, 공간, 물 등을 놓고 서로 경쟁을 할 수밖에 없다. 그 결과 환경에 잘 적응하고 환경에 적합한 특징을 가진 종들은 살아남아 자손을 번식하고, 그렇지 못한 생물들은 사라지게 된다. 때문에 지금 살아남아 있는 생물들이 곧 '진화의 증거'라고 다윈은 주장한다.

**진화**
생물이 그들이 사는 환경에 적응하면서 몸의 형태나 구조, 모양이 환경에 적합하게 변화하여 새로운 종이 만들어지는 과정이다.

## 인간의 조상은 원숭이다?

약 5백 만~8백 만 년 전으로 거슬러 올라가 보니, 사람과 원숭이의 조상이 같은 뿌리에서 갈라져 나왔다는 사실이 밝혀졌다. 그 후 사람과 원숭이는 각자 독자적인 방향으로 진화를 거듭해 왔다.

## 환경이 동물들에게 준 선물

▲ 캥거루

'호주' 하면, 떠오르는 캥거루! 캥거루는 주머니에 새끼를 넣고 다니는 것으로 유명하다. 왜 캥거루는 새끼를 주머니에 넣고 다닐까?

그 이유는 호주가 가진 환경 때문이다. 호주는 일부 해안가를 제외하고는 기후가 척박하다. 때문에 캥거루는 임신 후 한 달 만에 새끼를 낳는다. 척박한 환경 속에서 새끼가 오랜 시간 동안 몸속에서 자랄 경우, 언제 닥칠지 모를 위험에 충분히 대비할 수 없기 때문에 캥거루는 한 달 만에 낳은 새끼를 주머니에 넣고 기른다. 어미 주머니 속이라면, 비교적 안전하게 자랄 확률이 높다. 결국 캥거루의 주머니는 척박한 환경으로부터 새끼를 보호하려는 진화의 산물이라고 할 수 있다.

추운 지방에 사는 북극곰은 몸집이 크고 힘도 굉장히 세다. 북극곰이 보통 곰보다 몸집이 다섯 배 정도 더 큰 이유는 북극 지방의 추운 날씨를 이겨 내기 위해 살갗 아래에 기름을 많이 모아 두기 때문이다.

▲ 북극곰

또한 북극곰은 온몸에 하얀 털을 가지고 있는데, 이는 얼음과 흰 눈으로 둘러싸인 북극에서 몸을 숨기기 편리하게 해 준다. 이 덕분에 사냥을 더욱 쉽게 할 수 있다. 이처럼 북극곰이 다른 곰과 다른 이유 또한 자신이 살던 환경에 적응하며 살기 위한 것이다.

뜨거운 사막에 사는 낙타야말로 환경에 가장 잘 적응한 예라고 할 수 있다. 낙타의 등에 나 있는 불룩한 혹은 지방의 저장소다.

혹이 하나인 단봉낙타는 먹을 것이 없을 때 혹 안의 지방을 흡수한다. 덕분에 단봉낙타는 2주 동안 아무것도 먹지 않고도 살아갈 수 있다.

낙타가 물을 마시지 않고, 오랫동안 견딜 수 있는 것은 몸 안에서 물을 순환시켜 사용하기 때문이다. 또한 낙타는 땀도 잘 흘리지 않으며 소변도 아주 조금만 누기 때문에 몸 밖으로 빠져나가는 수분의 양을 최소한으로 조절할 수 있다.

▲낙타

낙타 눈의 긴 눈썹은 강렬한 햇빛과 모래바람을, 열고 닫을 수 있는 콧구멍은 모래가 콧속으로 들어가는 것을 막아 준다. 그리고 둥글고 넓적한 낙타의 발바닥은 발이 모래에 빠지지 않도록 해 준다.

북극여우, 아프리카여우의 생김새를 통해서도 각각의 동물이 어떻게 환경에 적응했는지를 알 수 있다. 북극여우의 귀는 아주 작아서 추위를 견디기에 좋으며, 아프리카여우의 귀는 아주 커서 더위를 이겨 낼 수 있다.

▲낙타 얼굴

▲북극여우

▲아프리카여우

호랑이도 마찬가지다. 호랑이는 노랑과 검정 줄무늬를 가지고 있는데, 이 것은 수풀이 우거지고 나무가 많이 있는 숲 속에서 호랑이의 모습을 감출 수 있도록 도와준다. 그래서 호랑이는 다른 동물의 눈에 쉽게 띄지 않고 사냥을 할 수 있다.

## 동물 행동 풍부화 프로그램

과천에 있는 서울동물원에서 실시하고 있는 프로그램이다. 자연에서 야생 동물 들은 대부분의 시간과 에너지를 먹이를 찾고, 영역을 지키고, 포식자로부터 도망 다니고, 집 을 짓는 데 쓴다.

그러나 동물원은 공간이 제한돼 있고, 자연에서는 접할 수 없는 시설물과 안정된 먹이가 제 공된다. 또 야생에서는 전혀 만날 수 없는 동물들끼리 가까운 거리에 있기도 하다.

이렇듯 동물원에서 사육되는 동물들의 환경은 야생과 크게 달라서 동물들은 때때로 스트레 스를 받기도 한다. 동물들이 스트레스를 받으면, 일정 구간을 반복해서 움직인다거나, 몸을 앞뒤로 춤을 추듯이 움직인다거나, 손을 물어뜯거나 털을 뽑는 자해 행동 등을 한다.

따라서 동물원에서 사육되고 있는 야생 동물들에게 자연과 유사한 환경을 제공해 줌으로써, 야생 동물이 갖고 있는 특성을 지키게 하는 것과 동시에 비정상적인 행동을 줄이기 위해 개 발된 것이 행동 풍부화 프로그램이다.

# 사진의 주인공을 찾아라!

동물들이 각자 사는 환경에 적응해서 독특한 모습을 가지게 되었다는 사실을 알았다. 각 동물의 환경에 따른 독특한 생김새는 어떤지 동물원에 가서 직접 관찰해 보자.

###  준비물

필기도구, 수첩, 카메라, 동물원 안내 지도

###  탐구 순서

① 집에서 가까운 동물원을 부모님과 함께 찾아간다.

② 여러 동물의 신체 일부 사진을 보고, 어떤 동물지 찾아본다.

③ 사진의 주인공인 동물을 찾았다면 사는 곳이 어디인지 확인하고, 동물의 생김새와 연관하여 생각해 본다.

###  실험 결과

더운 나라에서 사는 동물들과 추운 나라에서 사는 동물들은 생김새가 조금씩 다르다. 환경에 적합하게 살아갈 수 있도록 조금씩 진화해 왔기 때문이다.

### 생각 나누기

· 비슷한 환경에서 사는 동물들의 생김새에서 찾을 수 있는 공통점은 무엇일까?

· 같은 동물이지만 사는 곳에 따라서 서로 다른 생김새를 가지고 있는 경우도 있을까?

Chapter 05

# 여자보다 예쁜 남자?

# 여자보다 예쁜 남자?

▲ 키마이라

아주 오랜 옛날, 뤼키아(지금의 터키)의 이오바테스 왕은 벨레로폰이라는 젊은이가 가져온 편지를 받았다. 왕의 사위인 프로이토스가 보낸 이 편지에는 젊은 아내의 흠모를 받는 벨레로폰을 죽여 달라는 내용이 담겨 있었다.

손님을 죽일 수도, 사위의 부탁을 거절할 수도 없는 상황에서 고민에 빠진 이오바테스 왕은 결국 벨레로폰에게 키마이라(키메라)를 없애 달라고 부탁했다. 키마이라는 입에서 불을 내뿜는 화룡으로, 사자의 머리, 산양의 몸통, 뱀 또는 용의 꼬리를 갖고 있다.

사실 그동안 키마이라를 죽이러 간 용사 중에 살아 돌아온 사람은 한 명도

없었다. 용사들이 가까이 다가가기도
전에 모두 불타 죽었기 때문이다.

키마이라를 죽이러 가기 전, 벨레
로폰은 예언자 플뤼이도스를 찾아갔
는데, 플뤼이도스는 하늘을 나는 천마
페가수스가 있으면 이길 수 있다는 조
언을 들려줬다. 결국 플뤼이도스의 조언대로 벨레로폰은

페가수스를 타고 가서 키마이라를 죽이고 영웅이 됐다. 우쭐해진 벨레로폰
은 페가수스를 타고 하늘에 오르려고 시도했으나 이를 괘씸하게 여긴 제우
스는 등에*를 보내 페가수스의 꼬리 밑에 붙어 피를 빨게 했다. 몸부림치는
페가수스에서 땅으로 떨어진 벨레로폰은 절름발이에 장님이 되어 사람이 없
는 곳을 떠돌다 쓸쓸히 죽음을 맞았다고 한다.

그리스 신화에 등장하는 키마이라는 상상의 동물이지 실제로 존재했던 동
물은 아니다. 신화나 옛 이야기에는 유난히 서로 다른 동물들을 결합한 괴물
이나 상상의 동물이 많이 등장한다. 왜 그런 걸까? 혹시 각각의 동물이 가지는
장점들을 모두 가지고 싶었던 사람들의 욕심이 만들어 낸 결과가 아닐까?

인간에게 더 유익한 생물을 만들려는 노력은 지금도 이어지고 있다. 하지
만 암컷 호랑이와 수컷 사자를 한 우리 안에 넣어 놓고 기다린다고 무슨 일
이 일어날까? 말의 체력과 당나귀의 지구력을 갖춰 노동에
널리 이용되고 있는 노새는 과연 수컷 당나귀와 암컷 말의
사랑으로 태어난 것일까?

**등에**

몸빛은 대체로 누런 갈색이고 온몸에 털이
많으며 투명·반투명한 한 쌍의 날개가 있
다. 주둥이가 바늘 모양으로 뾰족하고 겹눈
이 매우 크다.

### 한 쌍의 동물을 태운 노아의 방주

성경에 나오는 노아의 방주에 관한 이야기는 사람들에게 잘 알려진 놀랍고 흥미로운 이야기 중의 하나다.

서로 싸우고 죄를 저지르는 사람들 때문에 화가 난 하나님은 홍수를 나게 해서 사람들을 벌하려고 결심했다. 하나님은 가장 의로운 노아에게 큰 배를 만들 것을 명령하고, 그의 가족과 세상의 살아 있는 모든 동물들을 암수 한 쌍씩 배에 태우도록 했다.

이때 우리가 주목해야 할 것이 있다. 노아의 방주에 탄 모든 동물들이 모두 암수 한 쌍이었다는 사실을 말이다.

동물들도 사람처럼 남자와 여자로 나누어져 있다. 남자는 수컷, 여자는 암컷이라 한다. 대부분의 동

물은 수컷과 암컷이 만나야 새로운 개체[*], 즉 자손을 만들어 낼 수 있다. 이처럼 자신의 자손을 남기는 행위를 '생식'이라고 한다. 생식에는 두 종류가 있는데, 수컷과 암컷이 있어야 하는 유성 생식[*]과 수컷과 암컷이 필요 없는 무성 생식[*]이다.

무성 생식은 혼자서 번식하는 방법인데, 하나의 개체가 둘로 나누어지는 등의 방법을 통해 두 개체가 만들어진다. 무성 생식을 하는 대표적인 생물에는 세균이 있으며, 무성 생식으로 만들어진 개체들은 서로 똑같이 닮았다.

하지만 암컷과 수컷이 만나서 자손을 만들어 내는 유성 생식은 엄마, 아빠를 완전히 똑같이 닮는 경우는 없다. 양쪽 부모로부터 절반씩의 특성을 물려받기 때문이다. 부모를 닮긴 하지만 똑같지 않기 때문에 각각의 개체는 세상에서 유일한 존재가 될 수밖에 없다.

우리도 유성 생식을 통해 태어났으므로, 세상에서 유일한 존재라고 할 수 있다. 세상에서 딱 하나뿐인 존재라는 자부심을 갖자!

## 유성 생식의 장점

유성 생식은 무성 생식보다 복잡하고 번거로운 과정을 거쳐야 하며 적절한 짝이 없으면 자손을 번식할 수 없다. 그러나 이러한 단점에도 불구하고 대부분의 생물은 유성 생식을 한다. 왜 그런 걸까?

유성 생식에는 아주 큰 장점이 있다. 유성 생식을 통해서 태어나는 개체는 부모의 유전자를 반반씩 물려받는다. 이를 통해 유전자가 뒤섞이게 되어 유전적 다양성을 확보할 수 있다. 유전적 다양성이 커지면 환경의 변화에 쉽게 적응할 수 있어서 진화의 가능성이 더 커진다.

## 암컷보다 화려한 수컷



**다음의 동물 중 어느 것이 암컷이고, 어느 것이 수컷일까?**

우리는 주로 여자에게는 '예쁘다', '아름답다'는 표현을, 남자에게는 '씩씩하다', '용감하다', '멋지다' 등의 표현을 사용한다. 하지만 동물의 세계에서 '예쁘다', '아름답다'는 표현은 암컷보다 수컷에게 더 어울린다. 대개 수컷의 생김새가 더 화려하고 예쁘기 때문이다.

숫사자는 목덜미와 꼬리 끝에 풍성한 털이 있어 돋보이지만, 암사자는 그렇지 않다. 수탉의 볏은 크고 아름답지만 암탉의 볏은 작고 볼품없이 생겼다. 또한 수컷 원앙은 아름답고 화려한 무늬를 가지고 있으나, 암컷은 몸 색깔이 회갈색이며 단순하게 생겼다. 꿩도 마찬가지다. 암컷은 몸 크기가 작고 담홍색과 갈색의 중간색을 띠는데, 수컷은 몸 크기도 크고, 색깔이 매우 화려하다.

공작의 화려하고 아름다운 꼬리 깃털 또한 수컷만이 가지고 있다. 암컷의 선택을 받기 위해서 더 예쁘고 화려하게 진화한 것이다.

▲수컷 공작　　　　▲암컷 공작

동물에게 가장 중요한 일은 새끼를 많이 낳아 자손을 번식시키는 일인데, 암컷에게 선택받지 못한 수컷은 자손 번식의 기회를 얻지 못한다. 오래 전부터 암컷들은 조금이라도 다르거나 예쁘고 화려한 생김새를 가진 수컷들을 더 좋아했고 이런 수컷들과 짝짓기를 했다. 이러한 일들이 반복되면서 암컷의 선택을 받기 위해 수컷의 외모는 점점 더 화려하게 변했다.

때때로 수컷은 화려한 외모 때문에 포식자[*]의 눈에 잘 띄어서 위험에 빠지게 되는 경우도 있다. 공작의 화려한 꼬리 깃털은 천적[*]의 눈에 잘 띄고, 도망칠 때 방해가 된다. 그러나 이러한 위험을 무릅쓰고도 더욱더 화려해지고 아름다워지는 것은 번식을 위한 동물들의 강한 본능이라고 할 수 있다.

새끼를 낳고 키우는 일은 보통 암컷이 더 많이 한다. 번식을 하는 일은 힘든 일이기 때문에 암컷은 짝짓기를 할 때, 매우 신중하게 행동한다. 따라서 수컷은 암컷의 선택을 받기 위해 더 많이 노력해야 한다. 수컷이 암컷보다 생김새가 많이 화려한 이유도 이 때문이다.

반면 암컷은 새끼를 낳고 돌보는 일을 해야 하므로 적의

**포식자**
다른 동물을 먹이로 하는 동물

**천적**
특정 생물을 죽이거나 먹이로 삼는 생물. 예를 들면 무당벌레는 진딧물의 천적이다. 자연에서는 각 생물이 서로 먹고 먹히는 천적 관계가 있다. 천적은 특정한 생물이 너무 많이 늘어나는 것을 막는 긍정적 효과가 있으며, 이는 농약보다도 효과가 뛰어나 천적을 활용한 친환경 농사법이 널리 이용되고 있다.

눈에 쉽게 띄어서는 안 된다. 따라서 암컷은 반드시 생존과 생활에 필요한 것들만 몸에 가지고 있다. 예를 들어, 암컷 사슴에게 뿔은 새끼를 낳아서 기르는 데 반드시 필요한 부분이 아니다. 그래서 암컷에게는 뿔이 없다.

### 짝을 얻기 위한 수컷의 눈물겨운 노력



동물들이 다음과 같은 행동을 하는 공통된 이유는 무엇일까?
- 반딧불이가 꽁무니에서 빛을 낸다.
- 가을밤에만 귀뚜라미의 울음소리를 들을 수 있다.
- 개구리가 천적에게 자신의 위치를 알리면서까지 목청껏 노래를 부른다.
- 큰가시고기의 몸이 어느 순간 등 쪽은 푸른색, 배 쪽은 밝은 붉은색을 띤다.
- 금관조가 크게 노래 부르고 깃털을 높이 든다.

수컷은 암컷의 관심을 끌고, 선택을 받으려고 특이한 행동을 하거나 소리를 낸다. 귀뚜라미나 매미 같은 곤충이나 개구리 등은 수컷만이 소리를 낼 수 있다. 우렁차고 큰 수컷의 소리는 암컷에게 자신이 어디에 있는지 알려 준다.

살아 있는 동물 중 가장 진귀한 짐승이라는 판다 역시 암컷의 선택을 받기 위해 특이한 행동을 한다. 번식기가 되면, 수컷은 나무 위로 올라가 소리를 지른다.

▲판다

▲타조

짝짓기 시기가 되면 타조는 커다란 날개를 펴고 선택받기 위해 춤을 춘다. 목을 뒤로 빼고 몹시 흥분된 동작으로 날갯짓하면서 춤을 추는데 이 춤을 보고 자신을 선택한 암컷과 함께 짝짓기를 한다.

자신을 뽐낼 수 있는 외모나 능력이 없는 수컷은 선물 공세를 펼치기도 한다. 물총새나 쇠제비갈매기, 괭이갈매기 등은 물고기나 개구리 같은 먹이를 암컷에게 선물한다. 싱싱한 물고기는 수컷의 체력을 증명해 주기 때문이다.

▲괭이갈매기

▲펭귄

암컷이 수컷의 정성 어린 선물을 받으면 바로 짝짓기를 한다.

펭귄은 먹이 대신 작은 돌멩이를 암컷의 발밑에 갖다 놓는데, 암컷이 그 돌멩이에 관심을 보이면, 짝짓기에 성공할 확률이 높아진다.

## 생애 가장 화려한 15일

뜨거운 태양과 시원한 수박, 그리고 매미의 울음소리. 단어만 들어도 여름이 떠오를 것이다. 우리는 여름철에만 매미의 울음소리를 들을 수 있다.

매미 또한 짝짓기를 하기 위해 우렁차게 울어 대는데, 사실 매미의 삶을 살펴보면 매미의 울음이 얼마나 값진 것인지 알 수 있다.

매미의 유충은 짧게는 5년, 길게는 17년간을 땅속에서 나무 수액을 먹고 자라다가 땅 위로 올라와 번데기 과정 없이 어른벌레가 된다. 성충이 된 매미는 약 보름에서 한 달 동안 지상에서 사랑을 나누는데, 수컷은 짝짓기를 한 후, 암컷은 알을 낳은 후 생을 마감한다.

세상에 자신의 자손을 남길 수 있는 보름이 매미에게는 땅속에서의 10여 년보다 더 화려하고 값진 날들이다.

▲매미

## 모성애만큼 대단한 부성애

펭귄 한 마리가 발 위에 알을 놓고 정성스럽게 품고 있다. 새끼의 탄생까지 혼신의 힘을 다해서 알을 품는 이 펭귄은 과연 아빠일까, 엄마일까?

▲발 위에 알을 품는 펭귄

왜 동물들의 새끼는 모두 귀여울까? 몸통보다 훨씬 큰 머리, 짧은 팔다리와 두루뭉술하고 통통한 몸, 서툴고 어색한 몸짓. 이처럼 새끼들이 귀여운 데는 나름 생존을 위한 전략이라고 할 수 있다. 생존 경쟁이 치열한 야생에서 스스로를 지킬 수 없는 새끼들은 귀여운 외모를 이용하여 부모들의 양육 본능을 자극한다.

알이나 새끼를 낳고 기르는 것은 대부분 암컷의 몫이지만 동물들 중에는 새끼를 키우는 수컷들도 있다. 지구에 살고 있는 17종의 펭귄 중 몸집이 가장 큰 황제펭귄. 알이 부화하기까지 두 달이 넘는 65일 동안 쉬지 않고 알을 품는 것은 어미가 아닌 아비다. 암컷 펭귄은 야구공 두 배만 한 크기의 알을 하나 낳아 놓고 먹이를 구하러 긴 여행을 떠난다. 남은 수컷은 이 알을 두 발 위에 조심스럽게 올려놓고 쪼그려 앉아 먹지도 않은 채 남극의 혹독한 추위와 싸우며 알을 품는다.

알이 깨어 새끼가 밖으로 나올 때쯤 되면 수컷의 몸

▲ 황제펭귄

은 기름기가 다 빠지고, 체중은 1/3로 줄어 있다고 한다. 어떤 수컷들은 추위와 배고픔을 견디다 못해 알을 품다 죽기도 한다.

오직 뉴질랜드에서만 살고 있는 키위는 날개가 발달하지 못해서 날지 못한다. 몸길이 50cm에 불과한 이 새는 한 번에 두 개의 알을 낳는다. 알의 무게는 무려 450g. 달걀 하나의 무게가 60g인 것을 생각한다면 무려 7배가 넘는 무게다. 암컷은 알을 낳아 놓고 매정하게 먹이를 먹으러 들판으로 나간다. 남은 알을 품는 것은 결국 수컷의 몫인 셈이다.

▲키위

▲해마

해마의 경우, 새끼를 기르는 아기 주머니를 수컷이 가지고 있다. 암수가 서로 꼬리를 감아 짝짓기를 하고 나면, 암컷은 수컷의 아기 주머니에 200여 개의 알을 낳는다. 아빠의 아기 주머니 속에서 새끼는 4~5주 동안 머물게 되고 몸길이가 2cm 정도로 자라면 아기 주머니에 있는 구멍을 통해 넓은 세상으로 나오게 된다.

이처럼 동물들이 보여 주는 부성애는 모성애 못지않게 위대하고 숭고하다.

## 자식을 돌보지 않는 냉혈한 동물도 있다.

뱀은 풍요와 다산을 상징하지만, 세계 3천여 종의 뱀 중 99.7%는 자식을 돌보지 않는다고 한다. 전 세계에서 모성애를 지닌 뱀은 단 10여 종뿐. 그중 2종이 우리나라에 살고 있는데 바로 먹구렁이와 누룩뱀이다.

▲누룩뱀

## 귀할수록 비싼 동물들의 몸값

일제 강점기, 일본군은 사람에게 위험하다는 이유로 한반도에 있는 맹수를 마구잡이로 사냥했다. 사냥한 야생 동물의 수는 공식적인 기록으로 남아 있는 것만 호랑이 140여 마리, 표범, 늑대, 반달가슴곰 천여 마리씩 모두 3천여 마리에 달한다. 이때부터 한반도에 있는 야생 동물의 수가 급격하게 줄어들기 시작했다.

이처럼 무분별한 사냥은 동물들을 멸종 위기에 처하게 만든다. 지금도 사람들은 곰의 쓸개(웅담), 꽃사슴이라 불리는 대륙사슴의 뿔(녹용), 사향노루의 사향*이 몸에 좋다는 이유로 동물들을 불법으로 사냥하고 있다.

멸종 위기의 동물을 잡거나 다치게 하면 5년 이하의 징역 또는 3천만 원 이하의 벌금을 내야 한다. 하지만 이러한 규제에도 불과하고 사람들의 이기심이나 욕심 때문에 죽어 가고 있는 동물들을 살리지는 못하고 있다.

불법 사냥과 함께 환경 파괴는 동물들이 살아갈 수 있는 보

**사향**

동물에게서 얻을 수 있는 독특한 냄새의 향료. 3년 된 수컷 사향노루의 배에는 사향 주머니가 있어 특이한 냄새를 풍긴다.

▲대륙사슴

▲반달가슴곰

금자리를 빼앗아 동물들의 삶을 위협한다. 산의 나무를 마구잡이로 베어 내거나 훼손하는 일, 산이나 강, 바다 등을 더럽히는 환경 오염, 건물을 만들거나 도로를 내는 등의 개발은 동물들이 사는 곳을 파괴하고 서식지를 조각조각 나누어 놓는다.

우리나라 환경부에서는 멸종 위기의 동물과 식물을 지정해 보호하고 복원하기 위해 노력하고 있다. Ⅰ급으로 지정된 동물들은 이미 멸종 위기에 처한 동물들이고, Ⅱ급으로 지정된 동물들은 그 수가 급격하게 줄고 있어 머지않아 멸종 위기에 놓이게 될 동물들이다. 멸종 위기 Ⅰ급으로 지정된 동물은 반달가슴곰, 호랑이, 대륙사슴, 바다사자, 붉은박쥐, 사향 노루 등이며, 멸종 위기 Ⅱ급 동물은 늑대, 스라소니[*], 산양, 수달, 표범, 여우 등이다.

우리가 지키고 보호해야 할 한국의 야생 동식물에 대한 정보를 더 알아보고 싶다면 아래의 환경부 사이트를 방문하자. 주소가 너무 길고 어렵다면 환경부 홈페이지 상단의 정보마당을 통해서도 접속할 수 있다. (http://nre.me.go.kr/meweb/main/index.jsp)



## 수억 원의 명품 동물?

인간들의 무자비한 밀렵[*] 때문에 멸종 위기에 처한 동물들은 그 귀함에 따라 값이 매겨진다. 동물원에서 볼 수 있는 사자는 150만 원, 돌고래는 1억 5천만 원, 기린은 2억 원, 아프리카 코끼리는 2억 5천만 원, 로랜드 고릴라는 10억 원에 달한다. 멸종 위험이 클수록 가격도 높아진다.

# 동물의 구애 행동과 사람의 생활사 비교 연구

사람도 동물이기에 사랑하는 사람을 만나서 결혼하고 아이를 낳는 과정이 동물의 구애 행동이나 짝짓기와 크게 다르지 않지만, 본능에 충실한 동물보다 이성을 가지고 있는 사람의 사랑이 좀 더 복잡 미묘하다.
이번에는 동물과 사람의 사랑에 관한 행동을 비교 연구하여 분석하는 학자가 돼 보자!

 **준비물**

필기도구, 참고할 수 있는 서적 또는 인터넷

 **탐구 순서**

동물의 구애 행동을 잘 읽고, 각 상황에서 사람은 어떻게 행동하고 표현하는지 적어 보자!

| 동물의 구애 행동 | 사람의 생활사 |
| --- | --- |
| 수컷 공작은 암컷에게 잘 보이기 위해 거추장스럽지만 아름답고 화려한 꼬리 깃털을 가지고 있다. | |
| 물총새는 암컷에게 싱싱한 물고기를 선물하고 암컷이 이 물고기를 받아 주면 자신이 선택되었다고 생각한다. | |
| 큰가시고기는 짝짓기 할 때가 되면 몸의 색깔이 화려하고 눈에 잘 띄게 변한다. | |

| | |
| --- | --- |
| 황제펭귄 부부는 남극의 혹독한 추위 속에서 새끼를 지키기 위해 희생도 마다하지 않는다. | |
| 수컷들이 남보다 튀어야 하는 가장 큰 이유는 자손을 남기기 위함이다. | |
| 어떤 종류의 동물들은 수컷 한 마리가 여러 마리의 암컷과 짝짓기를 한다. | |

▲동물의 구애 행동과 사람의 생활사 비교

### 실험 결과

표를 작성하다 보면 짝짓기에 있어서 동물과 사람이 얼마나 비슷하고 다른지 한눈에 알 수 있다.

### 생각 나누기

· 동물의 짝짓기와 사람의 생활사의 공통점과 차이점은 무엇일까?

· 동물이나 사람이 자손을 남겨야 하는 일이 왜 중요할까?

# Chapter 06

# 개구리가 먹어서 개구리밥일까?

# 개구리가 먹어서 개구리밥일까?

▲황소개구리

　봄이 되면 몸에 좋다는 개구리를 잡으러 여기저기 헤매는 사람들이 많다. 이런 사람들을 위해, 정부는 개구리를 식용으로 키워서 농가의 수입을 늘리겠다며 1973년, 일본으로부터 북미산 식용 개구리 200마리를 수입했다. 이 개구리가 바로 황소개구리!

　정부는 200마리의 황소개구리를 2년간 31만여 마리로 증식시켜 이를 전국의 28개의 저수지에 분양했다. 그러나 사람들이 찾는 개구리는 황소개구리가 아니었다. 황소개구리는 식용으로 이용되기는커녕 사료만 축내는 애물단지가 되고 말았고, 결국 하천에 버려지거나 관리 소홀로 자연 방출되었다.

　　황소개구리의 문제점은 왕성한 번식력과 식성 그리고
천적도 잡기 어려운 커다란 덩치에 있다. 황소개구리는
한 번에 1만~2만 5천 개의 알을 낳고 부화율이 높아
번식 속도가 매우 빠르다. 또한 곤충의 유충과 성충,
게, 미꾸라지, 토종 개구리, 물고기, 심지어 뱀 등 하
천과 강에 살고 있는 토착 생물들을 닥치는 대로 먹

▲참개구리

어 치워 생태계*를 파괴했으며, 달팽이나 새우, 붕어 등을 기르는 양식장은
황소개구리의 습격을 견디다 못해 양식을 포기하는 경우도 생겼다.

　　황소개구리와 우리나라 개구리 중 가장 크다는 참개구리를 비교해 봐
도 황소개구리의 올챙이는 다 자란 참개구리 크기만 하
다. 부화한 지 3년 정도 지난 황소개구리는 몸통 길이 약
15cm, 뒷다리 길이 약 25cm 정도로, 몸무게도 무려 500g
에 이르러서 천적인 뱀, 족제비, 왜가리가 잡아먹을 수 없
을 정도로 크다. 또한 점프력이 우수하고 민첩해서
사람도 잡기 어렵다.

> **생태계**
> 식물, 동물, 사람, 곰팡이와 박테리아처럼 살아
> 있는 생물뿐 아니라 태양, 흙, 물, 공기같이 생
> 물이 살아가는 데 필요한 모든 조건들까지 통
> 틀어서 생태계라고 한다. 생태계는 연못처럼
> 작을 수도 있고 숲처럼 크고 넓을 수도 있다.

그렇다면 황소개구리가 살고 있는 연못[*], 습지[*]는 어떤 곳일까? 그곳에 어떤 생물들이 어떤 관계를 맺으면서 살고 있기에 외부에서 들어온 생물 하나 때문에 이렇게나 큰 혼란을 겪는 걸까?

## 자연이 준 선물, 연못과 습지

예부터 우리 조상들은 자연적으로든 인공적으로든 연못을 가까이 두었다. 그리고 계절마다 달라지는 그 아름다운 경관을 감상하며 잘 가꿨다. 경복궁 안에 남아 있는 연못이나 신라 시대의 연못인 경주의 안압지를 보면 연못을 통해 자연과 조화를 이루고, 아름다운 자연을 가꾸고 가까이하려는 우리 조상의 태도를 엿볼 수 있다.

자연적으로 만들어진 연못은 자연이 준 선물이라고 할 수 있다. 아름다운 경관을 보여 줄 뿐만 아니라 다양한 생물들이 살 수 있는 터전이 돼 주기 때문이다. 오랜 시간에 걸쳐 땅이 파이고, 다져지기를 반복하다 그 안에 물이 고여 연못이 만들어지면 생물이 하나, 둘 살게 되고 마침내 작지만 복잡한 생태계가 만들어진다.

'연못을 만든다는 것' 또는 '연못이 존재한다.'는 것은 그 주변에 습지가 있다는 말과 같다. 습지는 '물기가 있는 촉촉한 땅'이라는 사전적 의미를 가지며, 연못, 늪[*], 호수[*], 저수지, 하천 등을 포함하는 말이다.

습지는 땅과 물을 동시에 가지고 있기 때문에 다양한 생물들이 살 수 있는 터전이 된다. 습지에는 조류, 어류,

**연못**
물 깊이가 1~2m 정도로 얕고 물풀도 많지 않은 물웅덩이.

**습지**
늪, 연못, 호수, 강으로 둘러싸인 물기가 많은 땅.

**호수**
물의 깊이가 5m 이상으로 깊고, 물풀이 물가에만 나는 물웅덩이.

**늪**
물의 깊이가 3m 이하이며, 물밑 한가운데에서도 물풀이 자라는 물웅덩이.

양서류, 포유류, 파충류 등 각종 야생 동물을 비
롯하여 다양한 종류의 식물이 살 수 있다.

또한 습지는 자연적으로 더러운 것을 깨끗하
게 걸러 내는 정화 능력을 가지고 있어서 '자연
의 콩팥'이라 불리기도 한다. 습지는 정화 능
력뿐 아니라 홍수 방지, 해안 침식 방지, 지하
수량 조절과 같은 다양한 역할을 한다.

▲ 연못

따라서 특정 지역의 연못이나 습지를 잘 보존하면 다양한
생물들을 보호하고 관찰할 수 있으며, 자연 교육, 생태 관광, 각종 연구 활동
을 위한 장소를 제공할 수 있다. 그러나 안타깝게도 이런 연못과 습지의 가
치는 최근에서야 알려지기 시작했으며, 지금도 귀중한 연못과 습지는 개발
에 밀려 사라지고 있다.

## 개구리밥

연못이나 논 위에 작은 잎처럼 떠 있는 개구리밥. 개구리가 먹는 밥을 일컬어 개
구리밥이라고 부르는 걸까?

사실 개구리밥은 개구리가 먹는 밥을 뜻하지 않는다. 개구리가 물 위로 머리를 내밀면 개구
리밥이 개구리의 머리나 얼굴에 잘 달라붙는데, 그 모습이 마치 밥풀을 붙인 것 같다고 해서
붙여진 이름이다.

개구리밥은 겨울에는 연못 속으로 가라앉아 있다가 따뜻한 봄이 되면 물 위로 다시 떠오른
다. 이 때문에 개구리가 겨울잠을 자는 동안에는 연못 위에서 개구리밥을 볼 수 없다.

## 물에 잠겨도 썩지 않는 식물



땅에 사는 육상 식물은 햇빛과 물, 공기 중의 이산화탄소를 이용하여 광합성을 하고 잎 뒷면에 있는 기공을 통해 산소를 내보내는 호흡을 한다. 그렇다면 잎에 사는 수생 식물의 숨구멍, 즉 기공은 어디에 있을까?

① 잎의 뒷면 ② 줄기 ③ 잎의 앞면 ④ 뿌리

식물은 물이 너무 없어도 살기 힘들지만, 물이 너무 많아도 살기 힘들다. 물이 너무 많으면 뿌리 등이 썩어 버리기 때문이다.

그런데 연못물에 줄기나 뿌리를 담그고 살아가는 식물은 왜 썩지 않고 튼튼하게 살아갈 수 있을까? 연못에서 살아가는 식물들

▲ 갈대

을 살펴보면서 어떻게 썩지 않고 살 수 있는지 알아보자.

연못가에는 습기를 좋아하는 작은 키의 습생 식물[*]이 자란다. 이 습생 식물들은 모여서 습생 초원을 이룬다. 습생 식물을 지나쳐 연못 쪽으로 들어가면 추수 식물[*]을 볼 수 있다.

물 밑의 진흙에 뿌리를 내리고 물 위로 자라는 키가 큰 갈대나, 소시지처럼 생긴 부들이 바로 추수 식물인데, 이들의 뿌리나 줄기의 일부는 물속에 있고 나머지

**습생 식물**
땅 위에서 자라는 식물이지만 물기가 많은 곳에 적응한 식물. 주로 늪, 연못 주변에서 자란다.

**추수 식물**
뿌리는 진흙 속에 있고, 줄기와 잎의 일부 또는 대부분이 물 위로 뻗어 있는 식물이다.

▲연

대부분은 물 밖으로 나와 있다.

　조금 더 깊이 들어가면 수련처럼 물 밑바닥에 뿌리를 내리고, 줄기는 물속에 있으며, 잎은 물 위에 떠 있는 부엽 식물[*]을 볼 수 있다. 연이나 마름도 부엽 식물에 속한다. 연못을 가득 메운 수련이나 마름은 비가 와도 떠내려가는 법이 없다. 잎은 물 위에 떠 있지만 기다란 뿌리는 물 밑에 단단히 박혀 있기 때문이다.

　부레옥잠이나 개구리밥, 생이가래 등은 식물 전체가 물 위에 떠서 사는 부유 식물[*]이다. 연못 위에 떠서 사는 식물은 뿌리, 줄기, 잎의 구별이 뚜렷하지 않다. 대부분 많은 물과 양분을 빨아들이기 위해 수염 같은 뿌리를 잎 뒷면에 가지고 있으며 물의 흐름과 함께 이동한다.

　연못으로 들어가면 뿌리, 줄기, 잎 등 식물체 전체가 물속에 잠겨 있는 침수 식물[*]을 볼 수 있다. 침수 식물은 일

**부엽 식물**

뜬잎 식물이라고도 한다. 물 밑바닥에 뿌리를 내리고 잎이 물 위에 뜨는 식물을 말한다.

**부유 식물**

뜬살이 식물로 불리기도 한다. 물 위나 물속에서 떠다니며 자라고 생활하는 식물을 말한다. 줄기나 잎이 물 아래에 있고 뿌리가 없는 경우도 있다.

**침수 식물**

식물체 전체가 물속에 잠겨 살아가는 식물이다.

▲부레옥잠

▲좀개구리밥

▲붕어마름

▲말즘

반적으로 뿌리가 빈약하고 잎은 가늘고 길다. 줄기에는 잎이 깃털 모양으로 갈라져서 물 흐름에 저항을 덜 받도록 생겼는데, 줄기나 잎은 생명력이 강해서 잎들이 끊어지거나 떨어져 나가도 쉽게 재생된다. 검정말, 붕어마름, 나사말, 말즘, 물수세미 등이 침수 식물에 속한다.

그렇다면 연못에서 자라는 식물들이 물에 닿아도 썩지 않는 비밀은 무엇일까? 식물이 잘 자라려면 물과 양분뿐 아니라 공기도 필요하다. 그래서 보통의 식물들은 물속에 오랫동안 잠겨 있으면 충분한 공기를 얻지 못해서 썩어 버리고 만다. 그러나 연못에 사는 식물들은 물속에서도 공기를 잘 흡수할 수 있도록 줄기와 뿌리 등이 발달해 있다. 연의 줄기(뿌리)를 잘라 보면 많은 구멍을 볼 수 있는데 이 구멍들은 잎까지 이어져 있어서 잎에서 받아들인 공기를 줄기까지 전달해 준다.

## 백련지 연꽃

연꽃은 흙탕물 속에서도 맑은 꽃을 피우는 식물이다. 그래서 불교에서는 깨달음을 얻은 부처를 상징하기도 한다. 색은 붉은색, 분홍색, 노란색, 흰색 등 여러 가지인데, 흰 꽃을 피우는 백련은 7월부터 9월 사이에 피며 매우 귀한 연꽃 중 하나다. 우리나라에서는 전남 무안의 백련지가 최대 규모의 백련 집단 서식지로 한국 기네스북에 올라 있다.

육상에 사는 식물과 물과 접해서 사는 수생 식물의 생김새나 구조에는 몇 가지 차이점이 있는데 그중 하나가 기공의 위치다. 기공이 잎의 아랫면에 있으면 물의 표면과 접하고 있어서 이산화탄소나 산소의 교환이 활발하게 일어나지 못하게 되고 광합성이나 호흡을 잘할 수 없다. 하지만 연꽃과 같은 수생 식물의 기공은 잎의 윗면에 있어서 광합성과 호흡을 잘할 수 있다.

## 살아 있는 수질 정화 장치, 부레옥잠

1ha(헥타르 : 가로, 세로 100m인 정사각형의 넓이)의 부레옥잠만 있으면 500여 명이 흘려보낸 생활 하수를 깨끗한 물로 바꿀 수 있다고 한다. 부레옥잠의 수염뿌리는 물을 더럽게 하는 질소와 인을 흡수하고, 더러운 부유 물질을 걸러 주며 오염 물질을 분해할 수 있는 각종 미생물이 살아갈 수 있는 공간을 제공하기 때문이다.

## 연못 속 수생 곤충들

연못에서 생명의 터전을 만드는 것이 식물이라면, 그곳에 생명의 기운을 불어넣는 것은 동물이다.

물에서 사는 곤충을 통틀어서 '수생 곤충'이라고 한다. 물방개, 물맴이처럼 평생을 물에서 생활하는 것과 잠자리, 하루살이처럼 유충의 시기 또는 유충과 번데기의 시기만 물에서 보내고 성충이 되면 물을 떠나는 것도 모두 수생 곤충에 포함된다. 수생 곤충은 봄, 여름, 가을에 연못이나 개천에서 쉽게 잡을 수 있다.

힘없는 곤충이나 죽어서 썩은 물고기까지 모두 먹어 치워서 '물속의 청소부'라고 불리는 물방개. 물방개의 몸길이는 4cm 정도로, 날카로운 턱을 가지고 있어서 죽은 물고기의 껍질까지 모두 먹어 치운다. 물방개는 생김새, 몸집, 사는 환경이 비슷한 물땡땡이와 헷갈리기도 하는데 검은 빛깔의 몸통 가장자리에 선명한 황색 테두리 선이 있다는 점이 물땡땡이와 다르다.

물방개 못지않게 사나운 곤충으로는 물장군이 있다. 남자 아이가 씩씩하고 몸집이 크면 장군감이라고 말하는 것처럼 물장군도 몸의 크기로는 단연 연

▲ 물방개

못 속의 장군감이다. 최대 7cm에 달하는 몸집은 물 속 곤충 가운데 가장 크다. 물방개가 '물속의 청소부'라면 물장군은 '물속의 암살자, 물속의 폭군'이라고 할 수 있다. 낫처럼 생긴 앞다리로 먹잇감을 찍고 단단히 움켜쥔 후, 침처럼 생긴 입을 꽂아 자기 몸보다 2배 이상 큰 물고기나 개구리의 체액을 빨아먹는다.

▲물장군

몸길이 약 3cm의 물자라는 알을 등에 지고 다니는 습성이 있다. 암컷이 수컷의 등에 알을 낳으면, 수컷은 100개가 넘는 알을 등에 지고 다니며 정성껏 돌본다. 틈틈이 물 위로 등을 내놓아 알이 잘 부화하도록 온도를 조절하고 공기를 호흡할 수 있도록 해 주기도 한다. 이러한 물자라의 부성애는 연못에서 따라올 곤충이 없다.

시체처럼 거꾸로 누워서 헤엄을 친다고 하여 송장헤엄치개라는 이름을 갖게 된 곤충도 있다. 송장헤엄치개는 유충과 성충 모두 배영을 한다. 헤엄치는 모습을 잘 관찰하면 아랫부분이 은빛으로 빛나는 것을 볼 수 있는데 이것

▲물자라

▲송장헤엄치개

은 숨을 쉬기 위해 날개 밑에 공기를 담은 공기막이다. 만약 송장헤엄치개가 공기막 속의 공기를 모두 사용하면 물 위로 올라와 새로운 공기를 채우고 다시 물속으로 들어간다.

마치 스케이트 선수가 얼음 위를 미끄러지듯 물 위에서 움직이는 소금쟁이는 가는 털로 덮인 다리와 가벼운 몸 그리고 표면 장력 때문에 물 위에서도 물속으로 빠지지 않고 잘 다닌다.

소금쟁이의 짧은 앞다리는 물 위에서 먹이를 잡고, 가운뎃다리는 물을 젓고, 뒷다리는 방향을 잡기 위해 쓰인다. 소금쟁이는 물에 떨어진 곤충을 잡아 체액을 빨아먹고 산다.

이 밖에도 게아재비, 물맴이, 장구애비, 잠자리 애벌레, 물땡땡이 등 작은 수생 곤충뿐 아니라 송사리, 올챙이, 미꾸라지, 붕어 등도 작은 연못을 살아 있게 만드는 동물들이다.

## 물자라, 검정물방개는 서울시 보호종

서울시는 서울 지역에서 사라져 가는 야생 동식물 중 학술적, 경제적으로 보전 가치가 있는 종을 보호 야생 동식물로 지정하여 관리하고 있다. 지정 생물들은 학술적 연구 목적, 동물원, 식물원 등에서 사용하고자 하는 경우를 제외하고는 원칙적으로 잡는 일이 금지된다. 물자라, 검정물방개는 그 개체 수가 감소하고 있어서 2007년 서울시 보호종으로 지정되었다.

## 연못 속 조용하지만 치열한 세상



다음은 연못에 사는 생물들이다. 이 생물들의 먹고 먹히는 관계를 화살표로 연결해 보자. 먹히는 생물부터 출발해서 먹는 생물로 화살표가 향하도록 그려 보자.

검정말 ·

붕어 ·          · 개구리

· 물벼룩      · 오리

연못은 다양한 생물들이 모여 사는 곳이다. 눈에 보이지는 않지만 연못 속 아주 작은 생명체에서부터 연못 위를 멋지게 날아다니는 새들까지 그 안에서 어느 누구 하나라도 사라지거나 빠지면 연못은 지금까지 가지고 있던 질서를 잃기 쉽다. 물론 시간이 지나면 새로운 생물들과 관계를 맺고 적응하며 이전의 질서를 찾을 것이다. 하지만 그 시간이 얼마나 걸릴지 아무도 알 수 없으며, 어떤 식으로 질서를 잡게 될지 예측하기 어렵다.

이런 점을 생각해 볼 때, 개구리 소리가 들리고, 한 쌍의 오리가 유유히 헤엄치고 있는 연못은 참 평화로워 보인다. 물론 그 안에서는 우리가 겉에서 바라보는 것과는 달리 생존을 위한 치열한 싸움이 일어나고 있지만 말이다.

육상 생태계에서와 마찬가지로 연못 생명의 시작은 식물에서부터 출발한

▲검정말

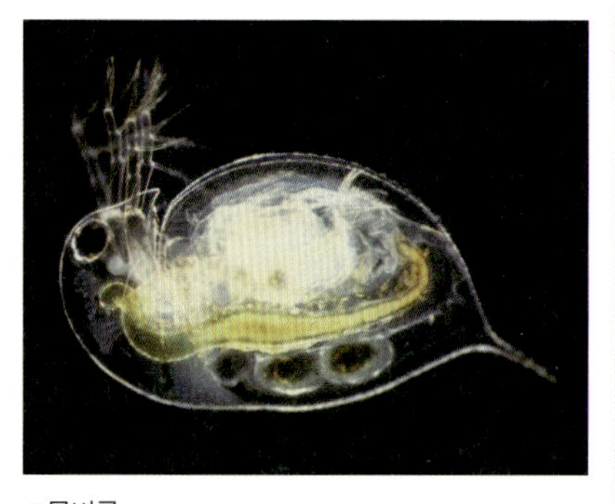

▲물벼룩

다. 연못 깊은 곳에는 검정말이 하늘하늘 물이 흘러가는 흐름에 따라 흔들린다. 검정말은 햇빛을 받아 영양분을 만드는데 검정말과 같이 광합성을 통해 영양분을 만드는 식물은 물벼룩이나 물벌레처럼 작은 동물에게 먹힌다.

이 작은 동물은 좀 더 큰 벌레들이 잡아먹는다. 물벼룩을 먹고 연못을 헤엄쳐 다니는 벌레는 역시 같은 연못에 살고 있는 개구리의 먹이가 된다. 벌레를 먹은 개구리도 배가 부르다고 안심할 수 없다. 개구리를 노리는 더 큰 물고기가 있으니까!

▲오리

개구리를 먹은 물고기는 부리가 뾰족하거나 눈이 날카로운 왜가리나 연못 위를 헤엄쳐 다니던 오리에게 잡아먹힌다.

이처럼 생물들이 서로 먹고 먹히는 관계는 사슬처럼 연결되어 있다. 이러한 관계를 가리켜 먹이 연쇄라고 한다. 이 단단한 사슬 중 어느 한 곳이라도 빠지거나 끊어지면 연못 속에 살고 있는 생물들은 혼란을 겪는다.

황소개구리와 같은 외래종의 유입 또한 복잡하지만 질서 정연한 먹이 사슬을 끊음으로써 생태계에 혼란을 가져왔으므로 문제가 되고 있다.

## 미꾸라지가 사는 연못의 비밀



최근 연못과 하천에 일부러 미꾸라지나 송사리를 풀어놓는 곳이 많다고 한다. 왜 이런 일을 하는 걸까?
① 잘 키워서 잡아먹으려고
② 모기를 잡기 위해서
③ 가지고 있는 미꾸라지나 송사리가 너무 많아서
④ 연못에 살고 있는 생물이 별로 없어서

1993년에 개봉한 스티븐 스필버그 감독의 영화 '쥐라기 공원'은 호박 속에 갇힌 모기에서부터 시작한다. 나무에 붙어 있던 모기가 나무에서 흘러내리는 진에 갇혀 오랜 시간이 지나 나무의 진은 호박이 되고 모기는 그 상태 그대로 인간에게 발견된다.

과학자들은 호박 속에 들어 있는 모기의 배 속에서 공룡의 피를 꺼내, 공룡의 DNA를 찾아내고 과학의 힘으로 6천 5백 만 년 전에 멸종한 공룡을 복원해 낸다. 이처럼 모기는 오랜 세월을 이 지구에서 살아 왔고, 수많은 동물과 인간은 흡혈 모기와 싸워 왔다.

▲ 공룡

▲모기

▲장구벌레

모기는 연못, 웅덩이, 논 등 물이 고인 곳이라면 어디든지 알을 낳는다. 모기의 애벌레인 장구벌레는 한 쌍의 눈과 2개의 더듬이, 대롱 모양의 입을 가지고 있다. 꼬리 끝에는 숨관을 가지고 있는데, 이 숨관을 물 밖으로 내놓고 공기를 들이쉬고 내쉬는 호흡을 한다.

장구벌레는 자라면서 4번의 허물을 벗고 번데기가 되는데, 번데기가 된 지 3~4일에서 길게는 2주 정도 지나면 모기가 되기 위해 물 밖으로 나온다.

암컷 모기는 자신의 생존과 알을 낳기 위해 사람이나 다른 동물들의 피를 빨아먹어야 한다. 보통 모기가 섭취하는 피의 양은 몸무게의 2.5배 정도라고 한다. 피부를 물어 사람의 피를 빠는 모기는 종류에 따라 말라리아[*], 황열병[*], 뇌염[*] 등을 옮기기도 한다.

모기를 죽이려고 뿌리는 모기약, 모기향, 전자 모기향 등 다양한 살충제가 사용되고 있지만, 살충제는 모기를 죽이기 위해 만든 독성 물질인 만큼 좁거나 꽉 막힌 공

**말라리아**
더운 열대지방에서 흔한 병으로 모기에 물려서 감염된다. 심하게 열이 나고, 두통, 기침, 설사, 전신 통증 같은 증상이 나타난다.

**황열병**
모기에 의해 감염되는 황열병은 높은 열과 함께 갑작스런 관절통, 오한, 구토, 출혈 등을 동반한다.

**뇌염**
일본뇌염모기에 의해 감염되는데, 뇌에 염증이 생겨서 발생하는 병이다. 고열과 두통 증상을 겪다가 혼수상태로 빠질 수 있으며, 치유되더라도 언어 장애, 판단 능력 저하 등의 후유증이 남는다.

간에서 사용될 경우, 사람에게도 해로울 수 있다.

그렇다면 모기를 없애기 위한 효과적이고 친환경적인 방법은 없을까?

모기의 유충인 장구벌레가 살고 있는 연못이나 하천에 미꾸라지나 송사리를 키우면 된다. 모기가 활개를 치는 여름이 오기 전에 미꾸라지나 송사리를 이용하면 아예 모기의 유충 단계부터 없애 버릴 수 있다.

▲송사리

1년이 안 된 미꾸라지의 경우, 1마리당 하루에 모기 유충 천여 마리를 잡아먹는다. 유충 1마리를 잡아먹으면, 모기 500~600마리를 잡는 것과 같은 효과를 낼 수 있다니 효과도 크고, 친환경적이며, 경제적인 살충제가 아닐 수 없다.

미꾸라지뿐 아니라 모기 유충을 잡아먹는 데는 송사리를 당할 물고기가 없다. 미꾸라지보다 더 훌륭한 살아 있는 살충제라고 할 수 있다. 미꾸라지가 장구벌레를 45마리 먹어 치우는 동안 송사리는 150마리를 잡아먹는다.

## 도시 속의 연못

도시의 학교나 아파트 단지 안에 작지만, 연못을 만드는 것은 작은 습지를 만드는 것과 같다. 연못이나 습지는 다양한 생물을 살게 한다.

같은 면적이라도 연못이나 습지에는 훨씬 많은 생물이 살아갈 수 있다. 연못에 사는 많은 동물이 물과 땅을 오가며 살아가기 때문이다. 또한 꽃이나 식물이 자라는 화단보다도 연못 속에 살고 있는 다양한 생물들의 변화 과정과 성장 과정을 더 빠르고 생동감 있게 관찰할 수 있다.

그리고 도시에서 만나는 작은 연못은 그 푸름과 생물의 다양성만으로도 우리의 마음을 편안하게 해 주고 보고, 듣고, 만지며 배울 수 있는 훌륭한 생태 교육장을 제공한다.

도시의 아파트 단지나 크고 높은 빌딩 사이에 있는 연못은 단지 보여 주기만을 위한 장식이 아니라, 콘크리트로 덮여 있는 도시에 생명이 자라나게 하는 오아시스 같은 공간이라고 할 수 있다.

# 연못물 관찰

주변의 연못이나 하천의 습지는 다양한 생물들의 사는 입장료가 필요 없는 생태 학습장이다. 친구들이나 부모님과 함께 가까운 연못이나 하천으로 생태 탐험을 떠나서 연못이나 습지의 생물들을 관찰해 보고 연못물을 떠서 관찰해 보자.

 **준비물**

필기도구, 수첩, 카메라, 뜰채, 투명한 작은 병

 **탐구 순서**

① 주변의 연못이나 하천을 주의 깊게 살피면서 걸어 보자.

② 연못 주변에서부터 연못 안쪽으로 움직이면서 연못에서 볼 수 있는 식물을 관찰하자.

③ 연못 속에 살고 있는 생물을 채집해서 관찰하고 싶을 때에는 뜰채나 작은 병을 이용해서 수초가 많은 곳의 물을 떠서 관찰하고, 맨손을 물속에 넣지 않도록 주의하자.

④ 떠 온 연못물을 현미경으로 관찰해 보자.

떠 온 연못물에는 연못에 살고 있는 아주 작은 생물이 들어 있을 수 있다. 동물 도감, 곤충 도감 등을 이용하여 어떤 생물인지 찾아보면 더욱더 재미있게 연못 속 생물에 대한 공부를 할 수 있다.



· 연못 주변의 식물과 연못 안쪽에 살고 있는 식물의 줄기나 뿌리, 잎의 특징을 찾아보자.
· 연못에 살고 있는 작은 동물들의 모양을 관찰하고 동물도감, 곤충 도감을 이용해서 찾아보자.
· 연못이나 하천 주변의 환경이 오염되지 않았는지 살피고, 환경오염이 연못 생물에게 미치는 영향에 대해서 생각해 보자.

Chapter 07

# 물속에 들어간 설탕이 사라졌다!

# 물속에 들어간 설탕이 사라졌다!

▲코카콜라 옥외 광고

　'콜라와 맛이 너무 똑같아서 우리 스스로를 소송해야 할 정도라고요.' 익살스러운 멘트의 '코카콜라 제로'의 옥외 광고! 콜라의 톡 쏘면서 상쾌한 맛은 그대로이면서 설탕과 칼로리가 없다는 점을 강조했다.

　위 사진은 미국 옥외 광고 협회가 주최한 'OBIE 어워드 2008'의 수상작 중 하나다. 미국 최고 권위의 옥외 광고 콘테스트로 알려진 OBIE 어워드는 66년의 전통을 자랑하는 권위 있는 대회로 매년 창의적이면서도 독특한 옥외 광고를 선정해서 발표하고 있다.

　위의 광고에서 강조하는 것처럼 제로 칼로리 콜라에는 설탕이 안 들어 있다. 콜라가 달다는 것은 누구나 다 아는 사실이며 단맛을 내는 대표적인 물질에는 설탕이 꼽힌다. 그렇다면 어떻게 설탕을 넣지 않았는데도 단맛이 나면서 칼로리가 없는 콜라를 만들 수 있을까?

그 비밀은 단맛을 내는 인공 감미료에 있다. '수크랄로스', '사카린', '아세설팜 칼륨', '아스파탐' 같은 인공 감미료들의 단맛은 설탕보다 200~300배나 강해 아주 조금만 넣어도 설탕과 비슷한 단맛을 낼 수 있다.

보통 콜라 한 캔에는 30~40g의 설탕이 들어가기 때문에 총 칼로리가 120~160kcal 정도 되지만, 아스파탐을 쓰면 0.1~0.2g만 넣어도 되기 때문에 총 칼로리가 0.4~0.8kcal로 많이 줄어든다. 이처럼 인공 감미료인 아스파탐을 쓰면 확실히 칼로리를 낮추면서 단맛을 낼 수 있다. 그렇다고 완전히 칼로리가 없는 것은 아니다. 현형 식품 위생법상 100㎖당 4kcal 미만일 때 '0칼로리'로 표기할 수 있게 되어 있다. 따라서 제로 칼로리 콜라가 완전히 0kcal가 아니라는 사실은 알고 마시자!

그런데 보통 콜라든 제로 칼로리 콜라든 컵에 따라서 들여다보면 설탕이나 인공 감미료의 흔적은 찾아볼 수 없다. 콜라 속으로 사라졌다면 단맛도 나지 않아야 할 텐데, 보이지 않는 설탕이 이처럼 콜라를 달게 만드는 이유는 무엇일까?

## 뇌는 단맛을 좋아해

콜라 속에 숨어 있는 설탕에 관한 이야기가 나왔으니 우리 주변에서 볼 수 있는 대표적인 가루 물질인 설탕에 대해서 좀 더 알아보자.

설탕의 원료인 사탕수수는 연평균 기온 20℃ 이상인 인도, 쿠바, 타이, 호주, 브라질, 멕시코 등의 열대, 아열대 지방에서 잘 자라기 때문에, 우리나라에서는 재배되지 않는다. 그래서 예전에는 설과 추석 선물로 설탕을 준비할 만큼 설탕이 귀했다고 한다.

그러나 최근에 설탕은 비만의 주범, 충치의 원인, 당뇨병 환자의 혈당을 높이는 음식으로 비난받으며 건강을 생각한다면 멀리해야 할 음식 중 하나로 여겨지고 있다.

하지만 우리 몸은 본능적으로 단맛을 좋아한다. 단맛을 내는 물질이 우리 몸에서 에너지원으로 사용되기 때문이다. 3대 영양소(단백질, 지방, 탄수화물) 중 탄수화물은 소화되면 포도당으로 변하는데 이 포도당이 단맛을 낸다.

특히 뇌는 우리가 섭취하는 포도당 중 60~70%를 소비하기 때문에 소비된 만큼 다시 채우기 위해 우리 몸에 신호를 보낸다. 그래서 공부를 열심히 하거나 어딘가에 집중하는 등 뇌를 많이 사용할수록 우리는 포도당처럼 단맛을 내는 음식이 먹고 싶어진다. 결국 콜라, 사이다, 과자, 초콜릿처럼 설탕이 많이 들어간 달콤한 음식을 좋아하게 만드는 것은 뇌의 영향 때문이다.

▲사탕수수

## 설탕이 보이지 않는 콜라, 사이다, 주스

우리 주변에서 가루로 된 것들을 한번 찾아보자! 설탕, 소금, 밀가루, 커피, 코코아, 소다(탄산수소나트륨) 등의 가루[*] 물질을 우리는 쉽게 발견할 수 있다.

소금과 설탕 같은 가루 물질이 물에 모두 녹으면 소금이나 설탕 알갱이는 보이지 않고 밑에 가라앉지도 않는다. 이처럼 어떤 물질이 다른 물질 속으로 풀어져 섞이는 것을 '녹는다.' 또는 '용해된다.'고 한다.

어떤 물질이 용해된 상태의 액체를 용액이라고 하는데, 설탕이 물에 녹으면 설탕물(설탕 용액)이 되고, 소금이 물에 녹으면 소금물(소금 용액)이 된다.

설탕물(설탕 용액)에서 설탕과 같이 녹아들어 가는 물질을 용질, 물과 같이 용질을 녹이는 물질을 용매라고 한다. 용매가 물인 경우는 수용액, 알코올인 경우에는 알코올 용액이라고 한다.

용질이 설탕이나 소금처럼 꼭 고체인 것만은 아니다. 콜라나 사이다 속에는 이산화탄소가 녹아 있고, 술에는 알코올이

**가루**

물질이 잘게 부스러져 있거나 아주 작은 알갱이 상태로 있는 것 또는 딱딱한 물건을 부드러운 정도로 잘게 부수거나 갈아서 만든 것을 가루라고 한다.

녹아 있다. 물과 알코올처럼 둘 다 액체 성분이 섞여 있는 용액은 둘 중 양이 많은 것을 용매, 적은 것을 용질이라고 한다.

용액은 대부분 무색으로 투명하고 가라앉는 물질이 없으며, 용액의 어느 부분이든 그 성질이 모두 똑같다. 콜라나 주스는 비록 색깔이 있고 투명하지는 않지만, 그 안에 녹아들어 간 설탕을 볼 수 없다. 그리고 콜라 캔이나 주스 병의 어느 부분을 따라 마셔도 맛이 모두 똑같기 때문에 설탕이 녹아 있는 '용액'이라고 할 수 있다.

## 국과 찌개를 통해 알아보는 가루 물질의 성질



음식에서 빠지면 안 되는 양념 중 하나가 소금이다. 특히 국이나 찌개 같은 국물과 김치를 많이 먹는 한국 사람의 경우, 일일 평균 소금 섭취량이 12~13g으로 세계 보건 기구(WHO) 권장량 5g의 2.5배나 된다. 짜게 먹는 식습관은 혈압을 높여 고혈압을 유발하는 원인이 될 수 있으므로 조심해야 한다. 그렇다면 짜지 않으면서 간이 딱 맞는 국과 찌개를 끓이려면 무엇을 알아야 할까?

정해진 양의 용매에 녹을 수 있는 용질의 양은 한계가 있다. 즉 일정한 양의 물에 소금이 무한정 녹을 수 없다는 이야기! 일정한 온도에서 용매 100g에 최대한 녹을 수 있는 용질의 양을 용해도라고 한다. 물질마다 용매에 녹는 양이 다르기 때문에, 용해도는 물질을 구분할 수 있는 특성 중의 하나로 꼽힌다.

일정한 온도와 압력에서 소금이 물에 최대로 녹아 있는 상태를 포화 상태라고 하고 이때의 용액을 포화 용액이라고 한다.

반면에 소금을 물에 너무 많이 넣으면 다 녹지 못하고 소금 알갱이가 바닥에 가라앉는 것을 볼 수 있는데, 이러한 상태는 과포화 용액, 반면 소금을 더 넣어 녹일 수 있는 상태의 용액은 불포화 용액이라고 한다.

소금이 녹는 양은 온도와 관계가 있다. 따뜻한 물에서 소금이 더 잘 녹는데, 이처럼 고체는 온도가 높으면 용해도가 커진다.

국, 찌개는 끓는 물에 각종 재료와 양념을 넣고 만든다. 물의 온도가 높으니 그 안에 녹을 수 있는 소금의 양도 당연히 증가한다. 그렇지만 짠맛은 온도가 높을 때는 그다지 강하게 느껴지지 않는다는 사실! 그래서 국을 끓일 때는 소금 간을 할 때, 주의하지 않으면 안 된다.

## 질량 보존의 법칙

1774년 프랑스의 화학자 라부아지에에 의해서 발견된 법칙. 프랑스의 화학자 라부아지에는 주석이나 수은 등의 금속을 공기 중에서 강하게 가열하면 금속 일부가 재와 같은 물질로 바뀌고, 그 금속은 처음보다 무거워진다는 사실을 알아냈다. 그는 금속과 결합하는 것은 공기 중에 있는 산소라고 생각했고 가열하기 전의 금속과 산소 질량의 총합은 반응 후에 생성된 물질의 질량과 같다는 질량 보존의 법칙을 발견했다.

질량 보존의 법칙에 의해 녹이기 전, 소금과 물의 질량의 합은 녹인 후의 소금물의 질량과 같다.

### 물의 온도가 높으면 소금이 더 잘 녹는다

소금은 물속에 들어가면 숨바꼭질을 한다. 아주 작은 알갱이로 나누어져서 물 알갱이 속으로 숨어 버린다. 그래서 물에 녹은 소금은 보이지 않는다.

물의 온도를 높여 주면 물 알갱이들의 운동은 활발해지고, 그 사이가 넓어져서 더 많은 소금이 녹을 수 있다. 따라서 국이나 찌개를 끓이면서 간을 볼 때는 두 가지를 기억해야 한다.

온도가 높으면 고체의 용해도가 증가한다는 것과 높은 온도에서 짠맛은 그다지 강하게 느껴지지 않는다는 것이다. 그러므로 찌개 를 끓일 때 소금이 잘 녹는다고 계속 넣으면 너무 짜서 먹을 수 없는 국이 된다.



그렇다면 소금을 너무 많이 넣어서 국이나 찌개가 짤 경우에는 어떻게 해야 할까? 엄마가 요리하는 모습을 잘 지켜보았거나, 또는 음식을 만들어 본 경험이 있다면 그 해결책을 경험에서 찾아낼 수 있다. 물을 더 부어 주면 된다.

용액 100g 속에 녹아 있는 용질의 그램(g) 수를 퍼센트 농도라고 한다. 예를 들어 용액 100g 속에 소금이 10g 녹아 있다면 10%의 소금물이 된다. 준비한 소금이 20g일 경우에는 소금과 물을 더한 양이 100g이 되어야 하므로 물 80g이 있다면 20%의 소금물을 만들 수 있다.

농도를 다르게 해 주기 위해서는 용매의 양은 일정하게 하고, 용질의 양에 변화를 주거나, 반대로 용질의 양을 일정하게 하고 용매의 양에 변화를 주면 된다. 따라서 국이나 찌개에 소금을 많이 넣어서 짤 경우에는 이미 들어간 소금의 양은 바꿀 수 없기 때문에, 물을 더 부으면 된다.

$$\text{퍼센트 농도(\%)} = \frac{\text{용질의 질량}}{\text{용액의 질량}} \times 100$$

$$= \frac{\text{용질의 질량}}{\text{용질의 질량} + \text{용매의 질량}} \times 100$$

국과 찌개를 짜지 않게 끓이기 위한 방법을 통해 우리는 소금으로 대표되는 가루 물질의 두 가지 특성을 알았다. 온도가 높아지면 고체의 용해도가 증가한다는 것과 물을 더 부어 용매의 양을 늘려 주면 녹을 수 있는 용질의 양이 늘어난다는 것이다.

이제 국과 찌개의 간 맞추기는 '식은 죽 먹기'겠지?

### 영전

요즘은 공장에서 화학 소금을 대량으로 만들어 내기 때문에, 지금은 슈퍼마켓에 가면 쉽게 구할 수 있는 소금! 하시만 소금도 실팅과 마친가지로 아주 귀힌 대접을 받을 때가 있었다.

염전은 말 그대로 '소금을 만들어 내는 밭'이다. 바닷물을 가둔 후에 바람, 햇볕에 말리면, 물은 증발하고, 소금이 만들어지는데 이렇게 만들어진 소금을 천일제염이라고 한다. 우리나라를 비롯한 중국, 프랑스, 이탈리아, 일본에서도 천일염을 많이 생산하는데, 우리나라에서는 전라남도, 전라북도, 충청남도, 경기도에 염전이 많으며 특히 전라남도 신안군에 가장 많은 염전이 있다.

▲염전

## 휘~휘~ 저어주기

일회용 커피, 혹은 코코아를 종이컵에 타 마시려고 하는데, 숟가락이 없다! 이럴 경우엔 참 곤란하다. 궁여지책으로 커피나 코코아가 담겨 있었던 일회용 봉지를 둘둘 말아 젓기도 하지만, 위생상으로도 썩 좋은 방법은 아닌 것 같다.

▲숟가락이 들어 있는 커피

'필요는 발명을 낳는다.'는 말이 있듯이 최근에는 일회용 컵에 숟가락이 들어 있는 커피, 코코아 등이 등장하기도 했다. 어디서든 맛있는 커피와 코코아를 마실 수 있도록 만족감을 주는 발명품이 아닐 수 없다.

고체의 용해도는 온도가 높을수록 커진다는 사실은 앞에서 배웠다. 그렇다면 저어 주는 행위는 어떤 영향을 미칠까?

▲설탕 아지랑이

설탕을 물에 조심스럽게 넣고 설탕 주변을 자세히 살펴보자. 물 속에서 아지랑이가 피는 것을 관찰할 수 있다. 이 아지랑이는 설탕과 물이 서로 섞여 가는 과정에서 나타나는 현상이다. 이때 숟가락 등으로 물을 저어 주면, 설탕 알갱이가 더 쉽고 빠르게 섞인다. 설탕 알갱이가 물과 만날 기회가 더 많아지기 때문이다.

물을 이루는 알갱이들을 확대해 보면 빈틈이 없이 꽉 짜인 구조로 되어 있는 것이 아니라 약간 엉성한 격자 모양을 하고 있는데, 설탕 알갱이가 물속으로 들어가면 이러한 물 분자 사이의 공간으로 들어갈 수 있다.

이처럼 커피와 코코아에 뜨거운 물을 따르고 저어 주는 이유는 설탕 알갱이들이 물 알갱이들 사이로 더욱 빠르게 들어가도록 하기 위한 것이다. 잘 저을수록 더 잘 녹고, 잘 섞이기 때문에, 우리는 맛있는 차를 마실 수 있다.

## 밀가루도 폭발할 수 있다! - 분진 폭발

우리가 먹는 밀가루가 폭발한다면? 말도 안 된다고? 믿기 어렵겠지만 사실이다. 공기 중에 흩뿌려져 있는 밀가루는 그 입자가 아주 작아서 폭발을 일으킬 수 있다.

찻숟가락 한 스푼에 담긴 밀가루의 전체 표면적은 축구장의 3.7배에 달한다. 이러한 작은 입자의 밀가루가 공기 중에 떠 있으면, 공기와의 접촉 면적이 매우 넓어진다. 따라서 빠른 속도로 산소와 반응할 수 있게 되고 작은 충격에도 폭발할 수 있다.

밀가루와 같은 가루가 폭발을 일으키는 것을 분진 폭발이라고 한다. 밀가루와 같은 원리로,

오래된 건물 천장에 가득 쌓여 있는 미세한 먼지도 화재 시 폭발의 원인이 될 수 있다.

분진 폭발은 광산이나 연탄 공장, 설탕, 커피 등의 가루를 만드는 식품 공장이나 사료 제조 공장에서도 발생할 수 있다. 그래서 식품이나 화학 공장은 건물을 설계하고 만들 때부터 이 문제를 충분히 생각하고 건물을 짓는다.

밀가루 공장의 관리자들은 관광객이 공장 안에서 카메라 플래시를 터트리는 것도 좋아하지 않는다고 하니, 미세한 가루가 공기 중에 퍼졌을 경우의 위력이 얼마나 센지 짐작할 수 있다.


## 빵이 치료제였다고?



밀, 보리, 호밀, 옥수수, 쌀과 같은 곡식 가루에 이스트[*]를 넣어 부풀려 굽거나 찐 음식을 빵이라고 한다. 최근 한 끼 식사나 간식으로 많이 먹는 빵은 사실 일본식 발음이다. 포르투갈어인 팡(Pao)이 일본을 거쳐 우리나라로 들어오면서 일본식 발음인 빵으로 전해진 것이다.

본격적으로 빵이 만들어진 것은 BC 2천 년경 이집트에서 시작되었다. 당시 이집트 사람들은 빵 굽는 기술을 비밀로 하고, 다른 나라에 알려 주지 않았기 때문에 당시 주변국들은 이집트인을 보고 '빵을 먹는 사람'이라 불렀다고 한다.

고대 이집트인들은 아플 때 빵을 먹었다. 빵에 약을 섞어 만든 의료용 빵을 개발했기 때문이다. 대머리나 비

**이스트**

빵을 부풀리는 데 사용. 빵 반죽 속에 들어 있는 당을 먹고 알코올과 탄산가스를 발생시킨다. 이 과정을 발효라고 하는데, 이때 발생한 탄산가스가 빵 반죽을 팽창시킨다.

듬 환자에게는 시큼한 밀로 만든 빵을, 소금과 기름을 넣은 보리빵은 화상을 입은 환자에게, 노간주나무[*]나 맥주를 섞은 빵은 진통제로 이용했다고 한다.

▲이집트 벽화

또한 석유와 황토, 맥주를 넣은 빵은 충치 치료를 위해 환자에게 먹였다. 우리는 아프면 쓰디 쓴 약을 먹어야 하는데, 맛있는 빵을 먹으면 된다니, 얼마나 좋을까?

빵의 주재료는 밀가루다. 밀가루는 단백질의 양에 따라 강력분[*], 중력분[*], 박력분[*]으로 나뉜다.

**노간주나무**

상록 침엽 교목. 높이는 8~10m이며 잎은 3개씩 돌려나고 실 모양이다. 봄에 녹색을 띤 갈색 꽃이 피고 열매는 다음 해 10월에 검은 자주색으로 익는다. 건축 재료나 가구를 만드는 데 쓰며 한국, 몽골, 일본, 중국 등지에 분포한다.

**강력분**

단백질 함량 11~13%, 탄성이 강한 밀가루로 쫄깃한 맛을 내고 싶을 때 사용한다.

**중력분**

단백질 함량 10%, 일상생활에서 가장 많이 쓰이는 다목적 밀가루. 국수, 라면, 부침개, 만두 등을 만들 때 사용한다.

**박력분**

단백질 함량 7.5~8.5%, 단백질 함량이 낮아 바삭하고 부드러운 맛을 내는 쿠키, 머핀, 케이크 등에 사용한다.

밀가루 속의 단백질은 물에 녹는 수용성 단백질도 있지만, 물에 녹지 않는 단백질이 대부분이다. 물에 녹지 않는 단백질은 물을 흡수해서 글루텐*을 만든다. 글루텐은 이스트가 발효하면서 생기는 가스를 빠져나가지 못하게 막아, 반죽이 잘 부풀게 해 주고 쫄깃쫄깃한 빵을 만들어 준다.

밀가루는 물에 녹지 않기 때문에 물에 넣으면 뿌옇게 흐려지다가 밑으로 가라앉는다. 그래서 적당한 물로 반죽하여 구우면 맛있는 빵이 만들어진다.

이처럼 물에 녹거나 녹지 않는 가루 물질의 성질을 적절히 이용하면 우리가 먹는 음식이나 생활에 필요한 것들을 만들 수 있다.

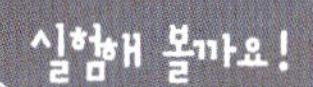


# 뒤집어도 섞이지 않는 물

농도가 진한 설탕물과 그렇지 않은 물을 이용하면 물 위에 물을 쌓을 수 있다.

 **준비물**

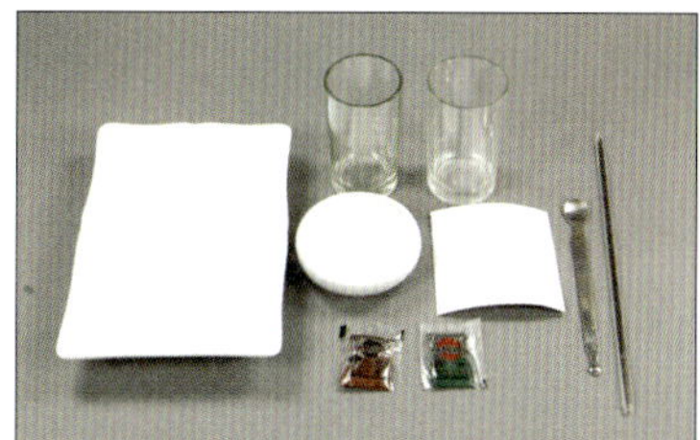

같은 크기의 유리컵 2개, 쟁반, 설탕, 수저, 색소, 뻣뻣한 종이

 **탐구 순서**

① 유리컵 하나에 설탕물 포화 용액을 가득 만들고, 붉은색 색소를 넣는다. 붉은색 설탕물을 쟁반 위에 놓는다.

② 다른 유리컵에는 물을 가득 채우고 파란색 색소를 넣어 파란색 물을 만든다.

③ 파란색 물을 담은 유리컵 위에 종이를 덮고, 거꾸로 뒤집는다.

④ 뒤집은 물컵을 설탕물 컵 위에 입구를 맞추어 올려놓고 종이를 천천히 조심스럽게 당겨서 빼낸다.

### 실험 결과

종이를 빼내면 빨간 색소와 파란 색소가 섞일 것 같지만 섞이지 않는다. 설탕물의 농도와 물의 농도가 다르기 때문이다.

### 생각 나누기

· 크기가 같은 컵 여러 개를 준비해서 설탕의 양을 다르게 한 용액을 만들어 실험해 보자.
· 물 위에 기름이 뜨는 것과 이 실험과의 관련성을 생각해 보자.

Chapter 08

# 소리 없이 세상을 움직이는 것

# 소리 없이 세상을 움직이는 것

▲ 쇠검과 청동검

우리나라가 금속 기구를 처음 사용한 기원전 10~4세기. 이 시대를 가리켜 우리는 청동기 시대라고 한다.

당시 청동기는 권위의 상징이었기 때문에, 일상생활에서는 여전히 돌을 갈아 만든 간석기, 나무로 만든 목기, 민무늬 토기가 사용되었다. 청동기 시대 사람들은 농사를 지으며 마을을 이루고 살았으며, 집단 내에서는 사회적 지위 차이도 있었다.

한편 기원전 3세기경, 중국으로부터 철기가 한반도로 전해지면서 초기 철기 시대가 시작됐다. 단단하고 날카로운 철로 만든 농기구나 무기는 농업 생산량을 늘리고, 영토를 확장하기 위한 전쟁 등에 사용되었으며, 강력한 지배층이 나타나 고대 국가가 세워지는 기틀을 마련해 주었다.

위 사진 속의 2개의 유물은 경주에 있는 국립경주박물관에 소장되어 있는 유물이다. 왼쪽은 쇠검, 오른쪽은 청동검으로 둘 다 같은 시간을 견뎠으며, 같은 곳에서 발굴되었다. 신기한 것은 이렇게 똑같은 환경 속에 놓여 있었지만 두 검의 부식 정도가 확연히 다르다는 것이다.

국립경주박물관과 서울에 있는 국립중앙박물관을 비롯한 대부분의 박물관에는 많은 청동기 시대 유물과 철기 시대 유물이 소장, 전시되고 있다. 그런데 박물관에 전시된 유물들을 자세히 살펴보면 청동기 시대 유물이 철기 시대 유물보다 훨씬 많다는 것을 알 수 있다. 청동기 시대가 철기 시대보다 훨씬 앞선 시대임에도 불구하고 말이다.

또한 철기 시대의 유물은 심하게 녹슬어서 그 원형을 알 수 없거나 부스러지고 떨어져 나간 부분이 많지만 청동기 시대의 유물은 아직도 만들어졌을 당시의 모습을 간직하고 있는 것이 많다. 왜 이런 차이가 나타나는 걸까?

### 일상생활 속 다양한 물체, 물질

물체와 물질, 뭐가 다를까? 책상, 자동차, 공책, 냄비, 연필 등과 같이 일정한 모양이나 크기를 갖춘 것들을 '물체'라고 한다. 그리고 철, 나무, 플라스틱, 고무 등과 같이 물체를 만들기 위해 필요한 재료를 '물질'이라고 한다.

일반적으로 물질은 밀도, 일정한 녹는점과 끓는점, 결정 등을 가지며 물체는 모양, 넓이, 길이, 무게 등의 특성을 갖는다.

똑같은 물질이라도 어떤 용도로 쓰이는가에 따라서 다른 물체가 될 수 있다. 예를 들어 고무는 잘 늘어나기도 하지만 늘렸을 때 원래대로 돌아가려는 성질을 가지고 있다. 또한 부드럽고 말랑말랑하며 통통 튀기도 한다.

고무는 이러한 성질을 이용하여 고무신, 고무 밴드, 장갑, 호스, 타이어, 풍선 등으로 다양하게 사용된다. 이처럼 똑같은 물질로도 다양한 물체를 만들 수 있다.

속이 보이는 투명한 유리는 깨지기 쉬운 단점이 있지만 그 성질에 맞는 다양한 물체를 만들 때 사용된다. 유리로는 그릇, 창문, 어항, 온실, 안경 렌즈, 아름다운 장식품 등을 만들 수 있다.

'성형하기 알맞다.'는 뜻의 그리스어 플라스티코스에서 유래한 플라스틱은 본격적으로 선보인 지 100년 정도밖에 되지 않았다. 하지만 가볍고, 열과 압력을 가했을 때 쉽게 변형되어 우리 생활 속 많은 물건에 이용된다. 자동차 의자의 가죽 덮개, 건물의 창틀이나 문틀, 비닐봉지, 식품용 랩, 칫솔, 플라스틱 그릇 등 이제 플라스틱이 없는 세상은 상상할 수도 없다.

쓰임새는 같지만 다른 물질로 만들어지는 물체도 있다. 유리컵, 플라스틱 컵, 종이컵, 도자기 컵은 모두 물이나 음료수를 담아 마시는 용도로 사용되는 컵이지만 서로 다른 물질로 만들 수 있으며, 각 물질의 특성에 따라 알맞게 사용된다.

이처럼 주변에 있는 다양한 물체들은 재료가 되는 물질의 특성을 최대한 이용하여 인간의 생활을 더욱 편리하게 바꾸는 방향으로 발전했다. 하지만 이 모든 것들은 물체를 만들 수 있는 물질이 있기에 가능했다!

## 인류 역사 발전의 큰 사건, 청동의 발견

구리는 처음에 금처럼 하천 바닥 등에서 원석 형태로 주워 사용되었던 것 같다. 이를 자연 구리라고 한다. 구리는 쉽게 구할 수 있어서 다른 금속들에 비해 빨리 이용되었다.

처음 구리를 사용할 때는 너무 약해서 장신구를 만드는 정도에 그쳤다고 한다. 오랜 시행착오와 다양한 방법을 생각해 본 결과, 강바닥에서 주운 검은 모래를 구리에 섞으면, 질기고 강한 금속을 얻을 수 있다는 것을 알게 되었다. 그 검은 모래가 주석이며, 이렇게 해서 만들어진 것이 최초의 합금인 청동이다.

주석은 녹는점이 232℃로 불과 추위에 약하지만, 구리와 섞어 합금으로 이용하면, 좀처럼 닳거나 부서지지 않는다. 게다가 녹도 잘 슬지 않고, 가공하기 쉬운 청동을 만들어 사용할 수 있다.

처음에 청동은 그 양이 많지 않아서 주로 무기나 장신구처럼 권위를 상징하는 물건들을 만드는 데에만 사용되었다. 그러나 청동을 다루는 기술이 발전하면서, 사람들의 생활은 석기를 만들어 사용했을 때와는 비교도 되지 않을 정도로 달라졌다.

청동기의 발달은 농업과 목축에 큰 영향을 주었으며, 남들보다 청동을 더 많이 가진 사람은 다른 사람보다 높은 계급을 갖게 되었다고 한다. 이처럼 청동의 발견은 인류의 역사가 선사 시대에서 역사 시대로, 여자가 중심이 되었던 모계 사회에서 힘센 남자를 중심으로 하는 부계 사회로 바뀌는 계기가 되었다.

인류가 철기에 앞서서 청동기를 먼저 발견하고 사용할 수 있었던 이유는 바로 500℃에 달하는 녹는점 차이 때문이다. (철의 녹는점은 1,540℃이다.) 바짝 마른 나무를 태워서 얻은 화력만으로도 구리는 충분히 녹고도 남는다.

### 철 이야기



인간 역사의 단계는 그 시대에 중요하게 사용된 도구의 재료에 따라서 나눌 수 있다. 돌이 도구의 주재료로 사용된 시기를 석기 시대, 청동이 중요하게 사용된 시대를 청동기 시대라고 부르는 것처럼 말이다. 그렇다면 우리가 살고 있는 지금은 무슨 시대라고 부를 수 있을까?

우리 인류는 철을 어떻게 발견했을까? 인류가 철을 어떻게 발견했는가에 관해서는 몇 가지 설이 있다.

색깔이 비슷하여 자철광석을 청동의 원료인 황동광으로 착각한 사람들이 자철광석을 불에 녹여 철 성분만 남은 덩어리를 얻게 되었고 이를 망치로 두들겨 철을 얻게 되었다는 설이 '채광 착오설'이다.

또 하나의 설은 '산불설'. 땅 위에 있던 철광석이 산불로 인해 쇳덩어리로 변했고, 이것으로 철기를 만들었다는 설이다.

고대 수메르인들은 철을 '안바'라고 불렀다. 이것은 '하늘의 산물'이라는 뜻으로 운석을 의미한다. 어두운 밤, 하늘을 가로질러 떨어지는 운석 중 철 성분을 많이 가진 것을 특별히 '운철'이라고 부른다. 운철을 통해 철을 처음 알게 되고 이를 이용해 갖가지 철기를 만들었다는 설이 '운석설'이다.

하지만 이러한 이야기는 가설일 뿐이며, 기록과 발굴을 통해 볼 때, 철은 소아시아 지역에서 기원전 4천 년경에 처음으로 사용된 것으로 추측된다. 이후 철을 가공하는 기술이 점점 발전하여 각종 철제 무기와 생활용품이 만들어졌다.

불과 철의 발견은 인류에 큰 영향을 미쳤다. 불의 발견으로 문명이 싹텄다면, 철은 문명을 꽃피운 것이나 다름없다. 다른 점이 있다면 불은 누구나 가질 수 있었지만 철은 언제나 힘센 편에 서 있었다는 점이다. 철을 가진 민족은 막강한 군사력을 바탕으로 세계 역사의 주 무대로 나갈 수 있었다.

세계에서 처음으로 덩어리 철을 망치로 두드려 원하는 도구와 철제 무기를 만들었던 소아시아의 히타이트 제국은 전차를 타고 철로 만든 칼과 창으로 세계를 제패할 수 있었다. 이집트의 위대한 왕으로 평가받는 람세스도 철제 무기로 무장한 소아시아의 작은 나라를 이기지는 못했다.

인류가 철을 발견하고, 도구로 사용했다는 점, 그리고 철이 지구에 풍부하게 존재한다는 것은 우리에게 크나 큰 행운이 아닐 수 없다.

인간이 철의 재료로 사용하는 철광석은 철분을 많이 포함한 철광맥에서 캐는데 그 매장량이 풍부하여 앞으로 수백 년 동안 고갈될 걱정은 없다. 또한 철은 한 번 사용되어도 재활용할 수 있기 때문에 그 사용이 무한하다고 할 수 있다.

20세기 최고의 발명품 중 하나로 불리는 자동차. 차량 전체에 강철이 사용된 것은 1920년대에 이르러서다. 기술이 발전하면서 강철보다 더 강하고 가벼운 신소재가 개발되고 있음에도, 여전히 강철은 승객을 안전하게 보호할 수 있고, 값이 싸기 때문에 효과적인 재료로 쓰인다.

전에는 상상도 할 수 없었던 규모의 다리와 건물이 세워지고, 700m 이상의 초고층 빌딩이 세워질 수 있었던 것도 모두 강철이 있기 때문에 가능한 일이다.

인류의 역사를 우리는 그 시대에 중요하게 사용된 도구의 재료에 따라 나눈다. 즉 돌을 주로 사용한 시대는 석기 시대, 청동을 주로 사용한 시대는 청동기 시대, 철을 주로 사용한 시대는 철기 시대로 나눈다. 이를 비롯해 볼 때, 우리는 여전히 철을 주로 사용하고 있기 때문에 철기 시대에 살고 있다고 할 수 있다.

탄소 함량에 따라 철은 순철, 선철, 강철로 구분할 수 있다. 순철은 100% 철 성분으로 순수한 철을 부르는 말이다. 순철은 너무 무르고 잘 늘어나서 쓰임새가 많지 않다. 선철은 보통 무쇠라고 부르는 철이다. 탄소의 함량이 1.7~4.5%로 단단하지만 깨지기 쉽고, 얇게 하거나 길게 하는 등의 가공을 할 수 없다. 무쇠솥, 솥뚜껑, 철판에 사용된다. 강철은 탄소 함량 0.1~1.7%로 단단하면서 잘 늘어나서 여러 가지 물건을 만들 수 있다.

## 금, 그 귀하신 몸!



28g의 금으로 덮을 수 있는 면적은 얼마나 될까? 또 1g의 금을 가늘게 늘린다면 몇 m나 늘릴 수 있을까?

금은 구리와 함께 인간이 가장 먼저 사용한 금속이라고 한다. 금은 처음 발견된 이래 그 아름다움과 희귀성 그리고 가공이 쉽다는 점 때문에 부와 명예 그리고 권력을 상징하는 장신구를 만드는 데 널리 이용되었으며 얼마 전까지 세계 화폐의 기준이 되기도 했다.

유리, 소금 등도 예전에는 귀한 대접을 받았지만 지금은 그렇지 않다. 하지만 예나 지금이나 여전히 금의 가치는 높다. 왜 아직도 사람들은 금을 귀하게 여기고 금의 가치를 인정하는 걸까?

그 첫 번째로 금의 희소성[*]을 들 수 있다. 지난 6천 년 동안 인류가 전 세계에서 채굴한 금의 양은 12만 5천 톤 정도에 불과하다. 이러한 희소성 때문에 금이 화폐로도 사용되었던 것이다.

**희소성**
인간의 물질적 욕구에 비해 그 충족 수단이 질적·양적으로 제한되어 있거나 부족한 상태.

▲금관

두 번째로 금이 가지는 아름다움 때문이다. 금이 가지는 독특하고 아름다운 노란빛은 사람들의 소유욕을 자극하고 유혹하기에 충분하다. 그래서 장신구를 만드는 데 많이 활용된다. 또한 금은 녹이 슬지 않으며 가공하기 쉬우며 또한 진품인지 아닌지 확인하기도 쉽다.

세 번째로 산업 전반에 활용되는 가치 때문이다. 금이 활용되는 분야는 전자 제품, 반도체, 우주선, 의약품, 건축재 등 매우 다양하다. 이렇게 금이 다양하게 사용되는 이유는 금이 가진 금속 성질 때문이다. 금은 얇게 펴지는 성질인 전성과 길게 늘어나는 성질인 연성을 가지고 있는데, 이러한 성질은 모든 금속 중에서 최고를 자랑한다. 약 28g의 금으로 가로, 세로 3m의 정사각형을 덮을 수 있

으며, 1g의 금은 3㎞까지 늘어날 수 있다.

　게다가 금은 공기 중에서 부식되지 않고, 그 아름다운 광택을 쉽게 잃지도 않으며, 다른 금속과 합금하기도 쉽다. 방사선을 차단하고, 열과 적외선을 98%까지 반사할 수 있으며 전기 저항도 거의 없다. 인체에 알레르기 반응을 일으키지 않아 치과용 재료로도 사용되며, 소량의 금으로도 피부 노화 방지와 신경 안정에 도움을 준다고 한다.

　다양한 쓰임을 가지고 있는 것과 더불어 희소하기까지 하니, 아무래도 금이 비싼 몸값을 자랑하는 것도 무리는 아닌 것 같다.

## 세상을 변화시킬 새로운 물질



　다음 중 연구, 개발되고 있는 신소재(새로운 소재, 물질)로 가능한 일인 것은?

① 일정 온도에서 원하는 모양을 만든 후 온도를 달리하여 변형시켜도 정해진 온도에서 원래 모양으로 돌아온다.

② 금속 온도를 낮추면 전기 저항이 0이 되어서 큰 전류를 손실 없이 흐르게 할 수 있다. 이를 통해 자기 부상 열차가 가능하다.

③ 일반 플라스틱보다 강력한 플라스틱으로 강하고 가벼운 자동차를 만들 수 있다.

④ 온도를 낮추거나 압력을 높이면 열을 내며 수소를 흡수하고 반대로 하면 다시 수소를 방출하는 수소 저장 합금은 무공해 자동차 개발이나 냉난방에 이용될 수 있다.

　고대에 철을 가진 나라가 세상을 지배했다면, 미래에는 과학의 힘이 세상을 지배할 것이다. 인류 문명을 획기적으로 발전시켰던 철보다 더 강하고 가벼운 신소재가 연구, 개발되고 있기 때문이다.

　대표적인 것 중의 하나가 탄소 나노 튜브! 나노는 10억분의 1을 나타내는 단위인데, 난쟁이를 뜻하는 고대 그리스어 나노스에서 유래한 말이다. 1나노미터는 머리카락 굵기의 약 1/10만이라고 한다.

　1991년 일본전기회사(NEC)의 이지마 스미오 박사가 발견한 탄소 나노 튜브는 탄소로 이루어진 지름 1나노미터 수준의 튜브형 물질이다. 지름이 아주 작은 데 비해서 길이는 지름의 1만 배에 이를 만큼 길다.

▲탄소 나노 튜브의 다양한 이용

　탄소 나노 튜브는 모양을 바꾸면 전기가 잘 통하는 도체가 되기도 하고 반
도체가 되기도 한다. 이러한 성질을 이용하면 현재 사용되고 있는 반도체보
다 1만 배 정도 작은 크기에 같은 양의 정보를 기록, 저장할 수 있다. 또한 탄
소 나노 튜브는 강철보다 100배 이상 강하다.

　티타늄 합금과 탄소 나노 튜브를 이용한 나노 복합 재료
를 만든다면, 아마 미래에는 영화 '아이언맨'이나 만화 '가
제트 형사'같은 가상 세계의 인물이 현실에도
등장할 수 있게 되지 않을까?

# 우리 주변에 철로 된 물체는 얼마나 많을까?

자동차를 들여다보면 전체가 고무로 되어 있을 것 같은 타이어 안에서도 철을 발견할 수 있다. 타이어 안에는 타이어 코드라는 고강도 강선이 들어가 있어 펑크가 나는 것을 방지해 준다. 이처럼 철은 전혀 쓰일 것 같지 않은 곳에도 쓰이고 있다. 자석에 붙는 철의 성질을 이용해서 철로 된 물건들을 찾아보자.

## 준비물

자석, 필기도구, 기록지

##  탐구 순서

내 방, 부엌, 거실, 욕실에서 자석에 붙는 물건이 무엇인지 조사하고 기록해 보자 . 단, TV나 컴퓨터 모니터, 신용 카드, 통장 등 자석을 가까이 하면 안 되는 물건들도 있으니 주의하자!

## 실험 결과

내 방, 부엌, 거실, 욕실에 있는 물건 중 자석에 붙는 물건은 모두 철로 만들어진 것들이다. 철은 자석에 붙는 성질을 갖고 있기 때문이다.

## 생각 나누기

· 겉모습만으로 철이 사용되었는지 알 수 있을까?

· 자석에 붙는 물건들은 무엇일까?

· 얼마나 많은 물건에 철이 사용되고 있을까?

Chapter 09

# 서해안의 기름때를 제거하라!

# 서해안의 기름띠를 제거하라!

▲서해안 기름 유출 사고 후의 모습

2007년 12월 7일, 충청남도 태안 해상에서 원유 1만 500kℓ가 바다로 흘러나오는 사고가 발생했다. 배와 유조선이 충돌하면서 유조선의 기름 탱크 3개가 파손되었기 때문이다. 이 사고는 최악의 기름 유출 사고로 기억된다. 이전의 기름 유출 사고보다 훨씬 많은 양의 기름이 흘러나왔기 때문이다.

기름 유출 사고 때문에 서해안의 생태계와 어민들은 막대한 피해를 입었다. 이 지역 주민들의 대부분은 바다와 갯벌에서 고기잡이를 하거나 양식업, 조개 잡이 등을 하며 살아간다. 하지만 기름 유출로 인해 주민들은 고기잡이와 조개 잡이를 할 수 없었고, 양식장에서 기르던 생물들도 기름의 영향으로 피해를 입었다.

뿐만 아니라 사고 지점과 가까운 지역의 주민들은 유출된 원유에서 발생한 심한 악취로 두통과 구토 증세를 보이기도 했다.

이 사고로 서해안의 갯벌과 바다 속의 생물들이 죽고, 살아 있는 생물들은 병들었고 그와 함께 주민들의 마음도 상처를 입었다.

이번 사고 내용을 알게 된 많은 국민들이 기름을 걷어 내기 위해 태안으로 자원봉사를 갔고, 각지에서는 태안 주민들을 위로하기 위한 성금을 모으기도 했다. 너무나 안타까운 태안의 기름 유출 사고, 과연 어떻게 해결했을까?

## 혼합물로 이루어진 세상

태안의 기름 유출 사고 탓에 바닷물에 원유가 섞이게 되어 큰 피해를 입었다. 바닷물에 원유가 섞인 것처럼, 두 가지 이상의 물질이 섞여 있는 것을 ‘혼합물’이라고 한다.

우리 주위에는 많은 혼합물이 있다. 어른들이 즐겨 드시는 커피믹스를 떠올려 보자. 그 봉지를 열어 보면 커피와 설탕, 프림이 함께 들어 있는 것을 볼 수 있다. 이처럼 커피믹스는 3가지 물질이 섞인 혼합물이다.

우리 눈에는 보이지 않지만 항상 우리 주변에 있는 공기도 여러 가지 기체들과 먼지가 섞인 혼합물이다. 공기에는 약 21%의 산소와 78%의 질소, 그리고 이산화탄소 등 많은 기체가 섞여 있다. 특히 서울의 공기에는 많은 양의 먼지와 공기 오염의 주범인 매연이 섞여 있다. 좋지 않은 서울의 공기는 사람들의 건강을 위협하기도 하지만, 한편으로 멋진 노을을 감상하게 해 준다.

▲ 된장찌개

노을은 공기 중에 섞여 있는 먼지 때문에 생긴다.

지구 표면의 2/3를 차지하고 있는 바다의 바닷물도 혼합물이다. 바닷물에는 소금의 성분과 칼슘, 마그네슘 등 여러 가지 물질이 섞여 있다. 소금의 성분이 섞여 있어서 바닷물은 짠맛이 난다.

보글보글 맛있게 끓는 된장찌개도 혼합물이다. 물과 된장, 고춧가루, 두부 등이 마구 섞여 있다. 우리가 자주 마시는 탄산음료도 물과 당분, 이산화탄소 등이 섞여 있는 혼합물이다. 이처럼 우리 주위에는 순수하게 한 가지 물질로 이루어진 것보다 여러 가지 물질이 섞여 있는 혼합물이 많다.

### 그렇게 멋진 노을이 먼지 때문에 생긴다고?

노을은 공기 중에 있는 수증기와 미세 먼지 때문에 햇빛이 꺾여서 생긴다. 저녁에 해가 질 무렵 노을로 곱게 물든 하늘을 감상해 보자.

### 섞여 있는 것을 골라내려면 성질 먼저 알아야 해!

**맛보기퀴즈**

세상의 많은 것들이 혼합물로 이루어져 있다. 다음 중 혼합물이 아닌 것은?

① 맑은 공기 ② 깨끗한 수돗물 ③ 정수기로 거른 물 ④ 모래

콩밥은 콩과 쌀이 섞인 혼합물인데, 콩밥을 좋아하지 않는 아이들도 있다. 밥에 섞여 있는 콩이 맛없게 느껴지기 때문이다.

결국 콩밥을 싫어하는 아이들은 부모님의 눈치를 보며, 먹기 싫은 콩을 건져 내기 시작한다. 이처럼 콩밥에서 밥만 남겨 두고 콩만 가려내는 것을 '분리'라고 한다. 즉, 여러 가지 것들이 섞여 있는 것을 각각의 물질로 가려내는 것이 분리이다.

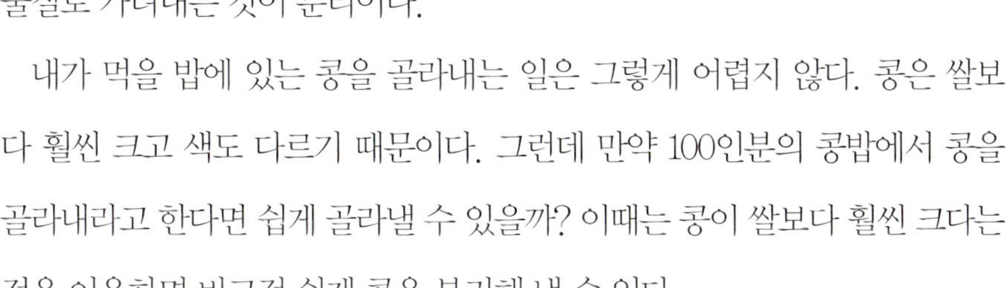

내가 먹을 밥에 있는 콩을 골라내는 일은 그렇게 어렵지 않다. 콩은 쌀보다 훨씬 크고 색도 다르기 때문이다. 그런데 만약 100인분의 콩밥에서 콩을 골라내라고 한다면 쉽게 골라낼 수 있을까? 이때는 콩이 쌀보다 훨씬 크다는 점을 이용하면 비교적 쉽게 콩을 분리해 낼 수 있다.

음료수 캔에는 두 가지 종류가 있다. 손으로 눌렀을 때 잘 구부러지는 알루미늄 캔과 잘 구부러지지 않는 철 캔이다. 두 캔은 서로 다른 물질로 되어

▲알루미늄 캔

▲철 캔

있기 때문에 분리해서 버려야 재활용할 수 있다.

손으로 눌러 보면 철 캔과 알루미늄 캔으로 구분할 수는 있지만, 캔마다 일일이 눌러 보기에는 많은 시간과 노력이 필요하다. 두 종류의 캔을 쉽게 분리하려면 철과 알루미늄의 서로 다른 성질을 이용해야 한다. 철은 자석에 잘 붙지만, 알루미늄은 붙지 않는다는 점을 이용하면 쉽게 분리할 수 있다.

혼합물을 각각의 물질로 분리하기 위해서는 각 물질이 가지는 성질을 알아야 한다. 물질의 성질에 따라 혼합물을 분리하는 방법과 도구가 달라지기 때문이다.

### 사금도 분리해야 보배!

1848년 캘리포니아의 한 강가에서 금이 발견됐다. 이 소문을 듣고 유럽의 여러 나라 사람들이 금을 캐려고 캘리포니아로 모여들었다. 이처럼 사람들이 몰려드는 현상을 '골드러시'라고 한다.

강가의 모래에서 발견된 것은 우리가 흔히 상상하는 큰 금덩어리가 아닌 '사금*'이었다. 사금은 작은 알갱이로, 색과 크기가 모래와 비슷해서 멀리서 보면 구분하기 어렵다. 그렇다면 모래 속에서 사금만 가져가려면 어떻게 해야 할까? 모래알을 하나하나 세 봐야 하는 걸까?

이때도 사금과 모래의 성질을 이용하면 쉽게 분리할 수 있다. 그럼 사금과 모래를 한번 분리해 보자. 일단 쟁반같이 생긴 그릇에 사금이 있는 모래를 담아 물에서 살살 흔든다. 그렇게 하면 비교적 가벼운 흙이나 모래는 물에 흘러내려 가

**사금**
물가나 물밑의 모래 또는 자갈 속에 섞인 금을 사금이라고 한다. 금광석이라는 돌이 잘게 부서져서 생기기 때문에 '금모래'라고도 한다.

고, 무게가 무거운 사금과 굵은 모래만 그 안에 남게
된다. 이것을 다시 빨래판처럼 홈이 파인 그릇에서
흘려보내면 무거운 사금만 홈 사이사이에 남게 된
다. 이는 금이 모래에 비해 무게가 많이 나가는 성
질을 이용한 것이다. 같은 크기의 금과 모래가 있
을 때 금이 더 무겁다. 그래서 무거운 금은 물에
휩쓸려 가지 않고 그릇 안에 남게 된다.

▲사금 채취 장면

금은 사금만 있는 것이 아니다. 보통의 금은
암석 사이사이에 있다. 모래 속에 섞인 사금은 무게의 차이를 이용해 분리할
수 있는데 단단한 바위 속의 금은 어떻게 분리할까?

단단한 바위에서 금만 쏙 빼내기는 어렵기 때문에 바위를 잘게 부수어 금
을 분리해야 한다. 금을 분리할 때는 수은을 사용한다. 수은과 금은 잘 합쳐
지기 때문이다. 증류기를 통해 수은을 날려 보내면 금이 덩어리로 남는다.
이것을 다시 세게 가열하면 금에 남아 있는 소량의 수은조차 날아가고 금덩
어리가 된다. 이러한 금 채취 방법을 '아말감법'이라고 한다.

아마존 강의 상류인 페루나 볼리비아, 에콰도르 등의 나라에는 사금이 많
이 있는데, 이를 채취할 때 '아말감법'을 사용한다. 하지만 금을 만들 때 사용
하는 수은은 중금속이라서 무척 위험하다. 브라질과 베네수엘라 국경 부근
아마존 삼림 지대에 거주하는 야노마미 인디언은 수은 중독인 미나마타병에
걸려 고생하고 있다.

사금 채취로 인해 많은 수은이 강물에 흘러가면, 그 수은은 식물에 흡수되

고, 물고기의 몸에 축적된다. 결국 수은에 오염된 식물과 물고기를 먹는 야
노마미 인디언들은 금을 갖고 싶은 사람들의 욕심 때문에 수은 중독에 걸리
는 것이다.

## 매우 작은 체, 거름종이

혼합물을 알갱이 크기에 따라 분
리할 수 있는 도구가 '체'다. 체의 구멍 크기에
따라 다양한 크기로 분리할 수 있다. 방울토마
토의 경우, 크기에 따라 상품의 가격이 달라지
기 때문에 방울토마토는 크기별로 분리하기
위해서 크기가 다른 여러 가지 체를 이용한다.

▲ 과일선별기

거름종이는 구멍의 크기가 매우 작은 체다. 눈에는 잘 보이지 않지만 거름종이에는 아주 작
은 구멍들이 있다. 원두커피를 마시려면 거름종이를 이용한 혼합물 분리 과정이 필요하다.
원두커피 가루와 같이 큰 알갱이들은 거름종이에 남고 뜨거운 물에 녹아든 커피 성분은 알갱
이가 매우 작아서 거름종이를 통과한다.

① 원두(커피콩)를 분쇄기에 넣고 갈아서 가루로 만든다.

② 가루를 거름종이에 넣고 뜨거운 물을 붓는다.

③ 원두가루의 찌꺼기는 거름종이 안에 남고, 커피만 통과한다.

이런 혼합물의 분리 과정을 이용하는 예는 생활 속에서 쉽게 찾아볼 수 있다. 한약을 먹으려면 다양한 한약재를 물에 끓여야 한다. 한약재 안의 좋은 성분이 물에 우러나올 때까지 끓인 후에 삼베 천으로 한약에서 찌꺼기를 걸러 낸다. 삼베 천이 체의 역할을 하는 것이다.

## 바다 한가운데에서 살아남기

태평양 한가운데를 떠가는 배 안에는 갖가지 물건들이 있다. 오랫동안 항해를 하기 위해 필요한 물건들이 모두 갖춰져 있다. 그런데 정말 필요한 것 중에 부족한 것이 있다. 그것은 바로 물! 태평양 한가운데라면 사방이 바닷물인데 어째서 물이 부족한 것일까?

바닷물은 우리가 마실 수 있는 물이 아니다. 그래서 사방이 물인 바다 위에서도 자칫하면 목말라 죽을 수 있다.

바다에서 수영하다가 바닷물을 먹으면 매우 짜다. 또한 바닷물이 눈에라도 들어가면 따가워서 괴롭다. 바닷물 속에는 소금뿐만 아니라 여러 가지 물질들이 섞여 있다. 만약 목마르다고 짠

바닷물을 그냥 먹으면 탈수 현상을 일으킬 수 있다.

바다에서 오랫동안 항해를 하려면 물 문제를 해결해야 한다. 바닷물이라는 혼합물에서 물만 쏙~ 분리해 내면 해결할 수 있는데, 어떻게 물만 쏙~ 분리해 낼까?

역시 물이 가지는 성질을 이용하면 된다. 물은 공기 중으로 증발하는데 증발하는 물을 날아가지 않게 잘 모으면 짜지 않은 물을 얻을 수 있다. 물은 온도가 높을 때 더욱 증발이 잘 되기 때문에 온도를 높여 주거나, 끓이면 물을 더 많이 얻을 수 있다. 이러한 방법을 '증류[*]'라고 한다.

### 바닷물에서 소금 얻기

바닷물이 증발한 후에 남는 것은 소금이다. 소금을 얻기 위해 염전에서는 바닷물을 가둬 놓고 물을 증발시킨다. 물이 증발하고 나면 소금이 하얗게 남는다.

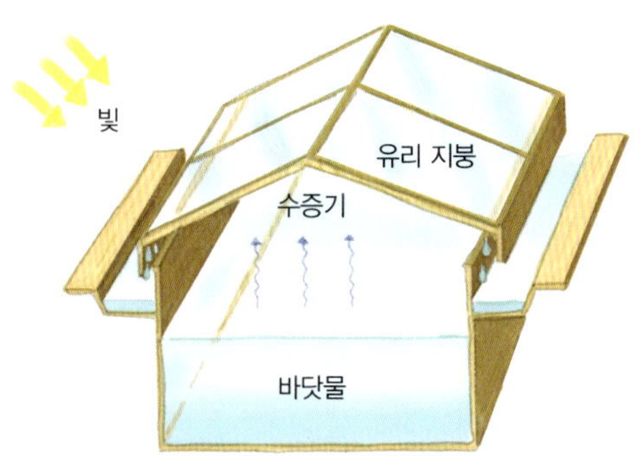


## 비밀을 밝혀내는 크로마토그래피

사인펜으로 적은 노트가 비를 맞거나, 물이 묻으면 어떻게 될까? 글씨가 다 번져서 알아보기 힘들 것이다.

글씨가 번진 이유는 물이 색을 분리했기 때문이다. 이렇게 물에 번지는 특성을 가진 펜을 '수성 펜'이라고 하는데, 대표적인 것으로 '수성 사인펜'이 있다. 사인펜은 번질 때 여러 가지 색으로 번진다.

　사인펜이 번지는 효과와 같은 원리를 이용한 것이 '크로마토그래피'다. 크로마토그래피는 잉크처럼 분리하기 어려운 것들을 분리하는 방법으로 성분에 따라 물질의 이동 속도가 다르다는 점을 이용한 것이다.

　크로마토그래피는 아주 적은 양으로도 성분을 조사할 수 있고, 분리해 내기 어려운 것들도 분리할 수 있기 때문에 실험실, 병원, 과학 수사 연구소에서 많이 사용한다.

　혈액이나 소변을 크로마토그래피로 분리하면 그 속에 약물이나 알콜이 얼마나 들어 있는지 알 수 있어 마약 환자나 음주 운전을 가려낼 수 있다. 또한 사람마다 피의 성분이 조금씩 달라서 범죄 현장의 혈흔으로 범죄자를 구분해 낼 수도 있다.

▲크로마토그래피

## 경유와 휘발유?

　주유소를 지나가다 보면 휘발유, 경유라고 쓰여 있는 것을 볼 수 있다. 어떤 자동차는 휘발유를 넣고, 어떤 자동차는 경유를 넣는데, 휘발유와 경유는 어떤 차이가 있을까?

　우리나라에서는 원유가 나지 않아 중동의 나라에서 원유를 수입한다. 원유는 땅속에서 뽑아 올린 석유의 원래 상태이다. 원유는 그대로 사용하는 것이 아니라 분리를 하여 다양한 용도에 맞게 사용하는데 '분별 증류<sup>*</sup>'로 분리할 수 있다.

**분별 증류**
섞여 있는 액체 혼합물을 분리할 때 쓰는 방법으로, 종류에 따라 끓는 온도가 다르다는 점을 이용해 분리한다.

정유 공장의 모습이다. 굴뚝과 같은 것이 여러 개 높이 솟아 있는 모습을 볼 수 있다. 이것을 증류탑이라고 한다.

원유를 증류탑의 아랫부분으로 보내 400℃로 가열하면 대부분 기체로 변한다. 이 기체가 증류탑으로 들어가면서 끓는점[*]에 따라 분리가 된다. 끓는점이 낮은 것일수록 증류탑의 높은 곳까지 올라간다.

증류탑의 위에서부터 가정에서 주로 쓰이는 석유가스

▲정유 공장

**끓는점**

액체가 끓기 시작하는 온도다. 끓는점이 낮은 것은 낮은 온도에서도 잘 끓고, 끓는점이 높은 것은 온도가 높이 올라가야 끓는다.

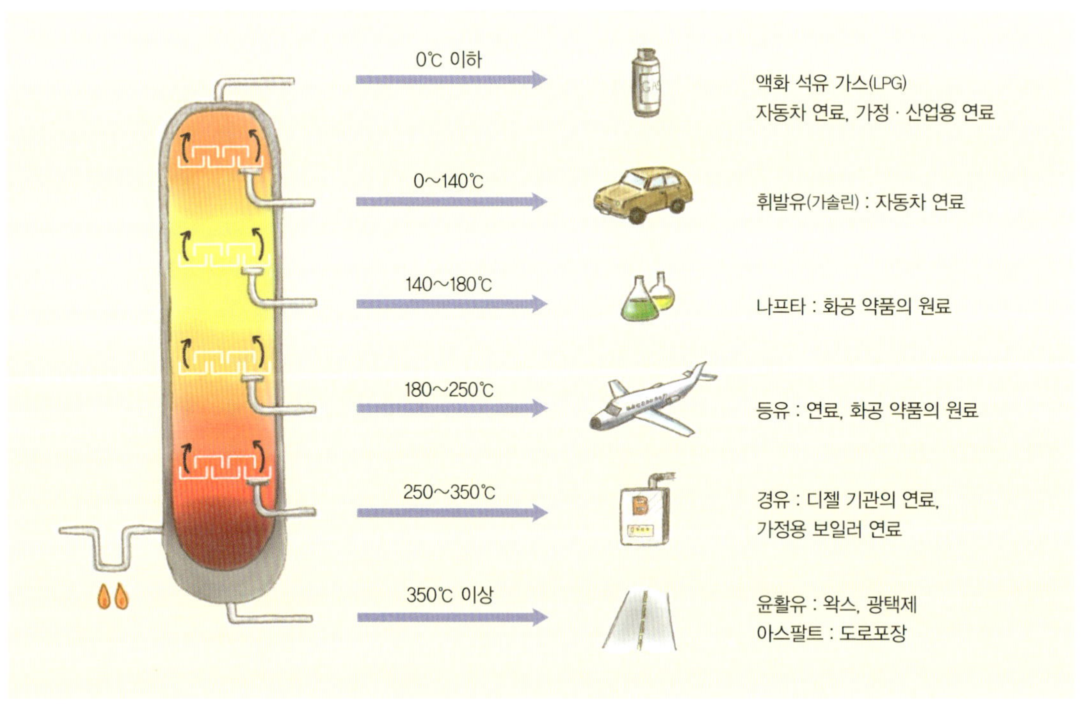


▲끓는점의 차이를 이용한 혼합물의 분리

(LPG), 자동차의 연료로 많이 쓰이는 휘발유, 화학 원료 나프타, 비행기 연료로 쓰이는 등유, 자동차 연료나 보일러 연료로 쓰이는 경유, 아스팔트로 많이 쓰이는 맨 아래의 찌꺼기로 분리된다.

같은 원유에서 나오지만, 경유와 휘발유는 끓는 온도가 다르고 그 성질도 조금 다르다.


## 서해안 기름 유출 사고, 어떻게 해결할까?



바다 위의 기름을 분리하는 방법이 아닌 것은?
① 바닷물을 걸레로 닦는다.
② 기름을 불로 태운다.
③ 기름을 분해하는 약품을 뿌린다.
④ 수저로 기름을 걷어 낸다.


기름과 물을 섞으면 기름은 물보다 가벼워서 물 위에 뜬다. 물과 기름을 분리하려면, 스포이트나 종이 같은 도구를 이용해 물 위에 떠 있는 기름을 걷어 내거나 분별 깔때기<sup>*</sup>를 이용해 물만 빼내는 방법을 이용한다.

기름을 제거하는 방법은 부엌에서도 찾아볼 수 있다. 고깃국을 끓이거나 찌개를 끓일 때, 국 위에 기름이 떠 있는 것을 볼 수 있다. 엄마는 그 기름을 맛과 영양을 위해 수저로 걷어 내곤 한다.

서해안 기름 유출 사고도 기름의 성질을 이용하여 기름을

**분별 깔때기**
액체의 밀도 차이를 이용하여 액체를 분리할 수 있는 실험 도구가 분별 깔때기다. 밸브를 이용하여 층이 생긴 액체를 분리한다.

분리하면 좋겠지만, 기름의 양이 매우 많고, 바다 위에 뜬 기름은 바람과 바닷물의 움직임에 의해 계속 움직이므로 그 방법이 간단하지만은 않다. 이럴 경우에는 우선, 기름이 바닷물의 움직임에 따라 널리 퍼지지 않도록 오일펜스를 설치해야 한다. 그다음은 기름을 직접 걷어 내거나 태워 버려야 한다.

바닷물 위의 기름막을 제거하기 위해 유처리제를 사용하기도 한다. 유처리제는 기름과 물이 섞이도록 하는데, 물속에 기름 방울이 미세하게 퍼지도록 하여 기름막을 사라지게 한다. 하지만 물과 섞인 기름은 바닷물의 오염과 함께 바닷속 생물에 나쁜 영향을 준다.

태안 기름 유출 사고 소식을 듣고 전국 각지의 국민이 기름을 제거하기 위해 태안으로 몰려들었다. 이 자원봉사자들은 기름만 빨아들이는 흡착제로 바닷물 위에 떠 있는 기름을 닦아 내거나 해변 바위를 뒤덮은 기름을 닦아 냈다. 노력이 많이 들지만, 더 이상 환경 오염을 시키지 않는 유일한 방법이다.

이와 같은 방법으로 온 국민이 힘을 모아 태안 앞바다에 유출된 기름의 1/3 정도를 걷어 냈다고 한다. 아직도 나머지 기름은 바다 위에 떠다니거나 바다 속으로 가라앉았을 것이다. 앞으로 우리는 서해안의 아픈 기억을 가슴에 담고 다시는 기름 유출 사고가 일어나지 않도록 조심해야 한다. 그리고 더 효과적으로 기름을 걷어 낼 수 있는 방법을 연구해야 한다.

# 치즈를 내 손으로

치즈는 우유로 만든다. 우유에는 카세인이라는 단백질이 들어 있는데 우유 속의 카세인을 분리해 발효시킨 것이 치즈다. 그렇다면 우유 속 단백질 카세인을 어떻게 분리해 낼까?

##  준비물

우유, 식초, 휴대용 버너, 거름용 거즈, 냄비

##  탐구 순서

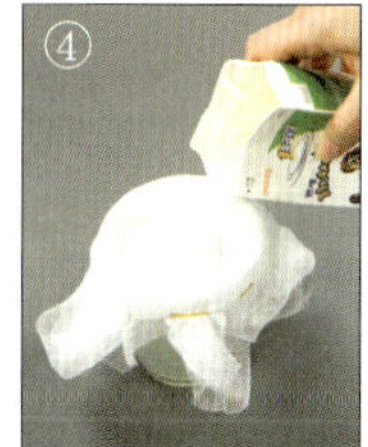

① 200mL 우유팩을 개봉하고 소금을 약간 넣는다. 냄비에 물을 붓고 그 안에 우유팩을 넣어 중탕으로 우유를 끓인다.

② 우유가 따뜻해지면 식초를 큰 숟가락으로 두 번 넣는다.

③ 몽글거리면 불을 끄고 1~2분 정도 가볍게 젓는다.

④ 거즈를 밑에 놓고 물기를 빼면 치즈 완성!!

※ 불을 사용해야 하니 어른들과 함께 만들자.

따뜻한 우유에 식초를 넣으면 우유는 어떻게 될까? 우유는 물, 젖당, 카세인, 미네랄염 등의 성분으로 구성되어 있다. 그중 우유 단백질인 카세인은 식초와 같이 신맛이 나는 물질에 굳어지는 성질이 있다. 이 카세인의 성질을 이용하여 우리는 다양한 치즈를 만들 수 있다.



· 이 실험에서 사용된 혼합물 분리 방법은 무엇일까?
· 우유의 어떤 성질 때문에 치즈를 만들 수 있는 걸까?

Chapter 10

# 에너지

# 전쟁 시대

# 에너지 전쟁 시대

▲ 석유시추선

　우리나라에 단 하나뿐인 석유 시추선 '두성호'와 첨단 기능을 갖춘 석유 탐사선 '탐해 2호'. 바다 위에서 어딘가에 숨어 있을지도 모를 석유를 찾고 있다.

　우리나라뿐 아니라 전 세계가 에너지 자원 개발에 집중하고 있다. 왜 그럴까? 에너지의 사용량은 점점 늘어나고, 주요 에너지 자원인 석유의 가격은 올라 여러 산업에 큰 영향을 미치기 때문이다. 석유의 가격이 오르면, 물가도 많이 오른다. 물건을 만들 때나 생활 곳곳에서 석유가 쓰이기 때문이다.

　석유의 매장량은 한정되어 있어 지금과 같이 에너지를 사용하면, 앞으로 40년 정도가 지나면 석유는 고갈된다고 한다. 그래서 더더욱 에너지 자원 개발에 온 힘을 기울이고 있는 것이다.

석유는 공룡이 활동하던 중생대나 그 이전에 만들어졌다고 한다. 동식물이 죽고 그 위에 흙, 모래 등의 퇴적물이 쌓여 깊이 묻힌 상태에서 높은 압력과 열을 받으면, 석유 또는 석탄이 된다.

석유를 캐내기 위해서는 땅속 깊이 구멍을 뚫어 뽑아내야 하는데 이것을 '시추'라고 한다. 이때 땅속에서 바로 뽑아낸 기름을 '원유'라고 하는데 원유에서 우리는 쓰임이 다양한 에너지 자원을 얻을 수 있다. 그렇다면 원유에서 얻을 수 있는 에너지 자원은 어떤 상태일까?

## 석유는 액체!

땅속에서 바로 나온 원유는 흑갈색의 끈적끈적한 상태다. 원유에는 물과 여러 가지 불순물, 가스 등이 섞여 있어 증류탑에서 분리한다. 분리 과정을 거치면, 자동차나 난방에 이용되는 휘발유, 경유, 등유, 중유 등의 기름이 나온다.

우리 주변에 있는 물질들은 대부분 고체, 액체, 기체의 3가지 상태다. 이 3가지 상태는 몇 가지 특성에 따라 나뉜다.

주유소에 가면 쉽게 접할 수 있는 휘발유와 경유는 액체다. 액체는 정해진 모양이 없기 때문에 담는 그릇에 따라 모양이 자유자재로 변한다. 동그란 그릇에 담으면 동그란 모양이 되고, 네모난 그릇에 담으면 네모난 모양이 된다.

액체의 이런 성질 때문에 휘발유와 경유 같은 액체는 어떤 통에도 담을 수 있다. 하지만 옛말에 '엎질러진 물은 주워 담을 수 없다.'는 말이 있듯이 액체는 잘못해서 흘러 버리면 주워 담을 수 없다.

한편, 물을 채운 주사기의 앞을 막은 후 힘을 가하면 피스톤이 움직이지 않는다. 액체의 부피는 어디에서든 변하지 않기 때문이다.

### 스컹크는 방귀쟁이가 아니다!

'스컹크' 하면 무엇이 떠오를까? '뿡뿡' 방귀가 떠오를 것이다. 스컹크는 '방귀'로 유명하다.

스컹크는 위험에 처했을 때 자신을 보호하기 위해 아주 지독한 냄새의 방귀를 뀐다고 알려져 있다. 고약한 냄새로 적의 정신을 어지럽게 한 뒤에 도망을 가기 위해서다.

▲스컹크

그런데 스컹크의 방귀는 사실 방귀가 아니다. 우리가 알고 있는 방귀는 장에서 만들어지는 가스로 기체인데, 스컹크가 내뿜는 것은 기체가 아니라 액체이기 때문이다. 스컹크는 항문 근처에 가지고 있는 액체 주머니에서 냄새가 나는 노란색의 액체를 내뿜는다.

스컹크가 내뿜는 액체는 나무나 돌도 침투할 수 있을 정도로 그 위력이 대단하다. 이 액체의 냄새를 맡으면 잠깐 동안 숨이 막히고, 액체가 눈에 들어가면 일시적으로 어두워져 적이 공격을 할 수 없다. 그래서인지 스컹크는 다른 동물들을 무서워하지 않고 적을 만나도 도망가지 않는다.

스컹크는 이 액체 쏘기의 명수다. 적의 얼굴을 향해 3~4m까지 발사할 수 있다. 그래도 다행인 것은 액체를 쏘기 전에 미리 경고를 한다는 것이다.

스컹크는 액체를 내뿜기 전에 적을 향해 등을 돌리고 꼬리를 높이 올려서 항문을 내보이고 앞발을 치며 경고를 한다. 이러한 경고를 통해 상대방이 도망칠 수 있도록 해 준다.

## 예쁜 눈이 내리는 스노우볼

뒤집었다 바로 놓으면 눈이 내리는 것처럼 보이는 스노우볼. 천천히 눈이 내리는 것 같은 모습이 아주 예쁘다. 그런데 왜 스노우볼 속의 반짝이들은 천천히 떨어지는 것일까?

구슬 안에는 끈끈한 액체가 들어 있다. 끈끈한 정도를 '점도'라고 하는데, 스노우볼 속의 액체는 점도가 커서 반짝이가 천천히 움직이는 효과를 낼 수 있다.

▲ 스노우볼

만약 스노우볼 속에 물을 넣었다면 어땠을까? 아마도 반짝이들이 빠른 속도로 떨어져 버렸을 것이다.

## 가스는 기체!



방 전체에 향수 냄새가 가득 차게 하려면 향수가 얼마나 있어야 할까?

(                                                                  )

교실에서 수업을 듣는데, 갑자기 이상한 냄새가 코끝을 자극하기 시작했다. 누군가가 방귀를 뀐 것! 누굴까? 코를 손으로 쥐어 막고 범인을 찾지만, 다들 아니라고 발뺌한다. 냄새가 나는 걸 보니 분명 방귀를 뀐 사람이 있을

텐데, 범인을 찾기 어려운 이유는 왜일까?

방귀는 기체인데, 기체는 사방으로 퍼지는 성질이 있다. 또한 형체가 없어 눈에 보이지도 만질 수도 없다. 그래서 교실 안에 방귀 냄새가 퍼지면 누구나 냄새를 맡을 수는 있지만, 누가 뀌었는지는 확실히 알 수 없다.

기체는 액체와 마찬가지로 일정한 모양이 없어서 아무리 용기의 모양과 크기가 다양해도 기체는 아주 적은 양으로도 그 용기를 채울 수 있다. 또한 기체는 부피가 자유자재로 바뀐다.

공기를 채운 주사기의 앞을 막은 후 힘을 가해 보자. 피스톤이 움직이는 것을 볼 수 있다. 기체에 압력을 가하면 그 힘에 따라 부피가 변하기 때문이다.

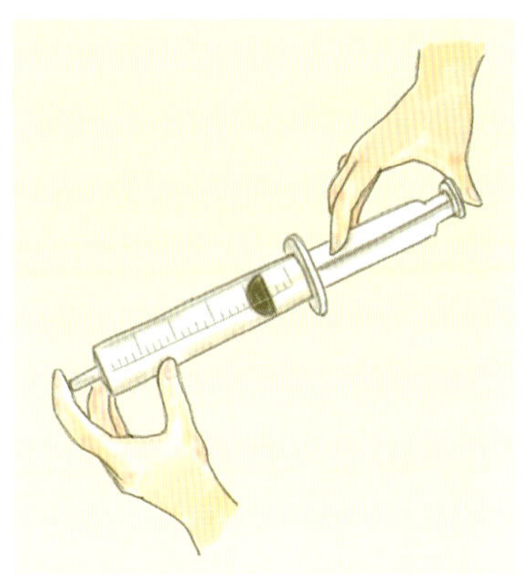

▲기체는 부피가 변한다.

기체 중에 대표적인 것으로는 '가스'를 꼽을 수 있다. 우리나라 석유 시추선과 석유 탐사선은 사실 '석유'를 찾는 것이 아니라, 가스층을 찾는다. 가스층을 찾으면 그 아래에는 석유가 있을 가능성이 크기 때문이다.

석유 위에는 가스층이 있기 때문에 원유를 뽑아 올릴 때 가스도 함께 나온다. 하지만 가스는 원유와 함께 운반하는 것이 위험하다. 그래서 그냥 태워 버리기도 하고, 가스의 양이 많을 때는 따로 모아 LNG$^*$로 팔기도 한다.

**LNG**
메탄을 주성분으로 하여 천연가스를 냉각하여 액화한 가스. 도시 가스용·발전용 연료, 화학 공업 원료로 쓴다.

## 가스가 샐 때는 이렇게!

가스의 종류에 따라 가스가 샜을 때 대처해야 하는 방법이 다르다. 가스의 무게가 다르기 때문이다.

가스통에 담아서 쓰는 LPG는 무거워서 가스가 새면 바닥으로 가라앉는다. 그래서 문을 열고 빗자루로 쓸어서 내보내야 한다. 가정에서 많이 쓰는 도시가스인 LNG는 가벼워서 위로 뜬다. 그렇기 때문에 위쪽의 창문을 열고 환기를 시켜야 한다.

기체인 가스는 눈에 보이지 않기 때문에, 새는 것을 잘 모를 수 있다. 따라서 정기적으로 점검해서, 가스 사고를 예방하는 것이 가장 좋다!


## 제4의 상태 플라스마

우리 주변의 물질들은 고체, 액체, 기체의 상태로 구분할 수 있다. 그런데 고체도 액체도 기체도 아닌 다른 상태도 있다. 바로 '제4의 물질 상태'라 불리는 플라스마다.

수만 ℃의 매우 높은 온도에서 분자가 쪼개지고 쪼개지면, 작은 입자들이 기체처럼 섞여 있는 상태가 되는데 이것이 플라스마다. 태양이 바로 플라스마로 구성되어 있다. 번개나 극지방에서 볼 수 있는 오로라도 플라스마 상태다.

플라스마는 다양한 첨단 기술의 원천이 되고 있다. 대표적인 것이 PDP 텔레비전이다. 예전에는 큰 화면을 만들기 위해서는 텔레비전의 크기도 함께 커져야 했다. 하지만 플라스마를 이용하면 아무리 화면이 크더라도 두께를 얇게 할 수 있기 때문에 벽걸이 텔레비전 등으로 활용할 수 있다.

플라스마는 미래의 에너지로도 연구되고 있다. 높은 온도의 플라스마를 빠르게 내뿜는 '플라스마 엔진'을 우주선에 달면, 적은 양의 연료로 원래의 우주선보다 10배나 빠른 속도를 낼 수 있다. 그렇기 때문에 미래의 화성 탐험을 위한 우주 왕복선에 활용하기 위해 연구가 활발히 이루어지고 있다.

# 불타는 얼음



불타는 얼음이 있다?! 없다?!
① 있다
② 없다

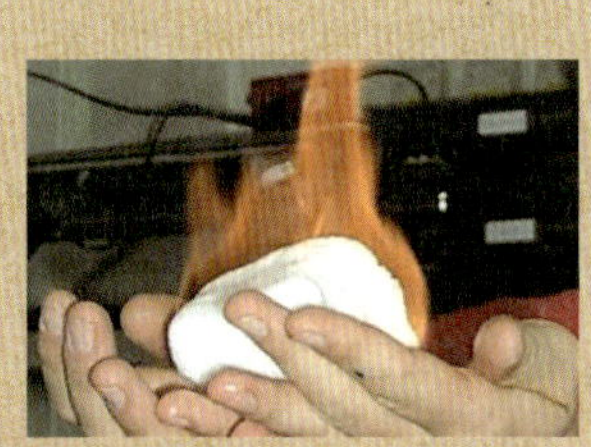

▲하이드레이트

불타는 얼음이 있다면 믿을 수 있을까? 우리나라의 탐해 2호가 2007년 6월에 동해에서 발견한 가스 하이드레이트. 주로 바다 밑의 땅속에서 발견되는 이것은 얼음과 비슷한 모습을 하고 있고 불에 타기 때문에 '불타는 얼음'이라는 별명을 가지고 있다.

하이드레이트는 석유와 석탄을 대신할 새로운 에너지 자원으로 떠오르고 있다. 낮은 온도와 높은 압력에서 물과 메탄가스가 결합해서 생기는데, 여기에서 메탄만 분리하면 천연가스가 되기 때문이다. 아직은 개발, 연구하는 단계이지만 앞으로 에너지 자원으로 사용될 귀중한 자원이라고 할 수 있다.

하나 주의할 점! 이름은 가스 하이드레이트지만, 사실 가스 하이드레이트는 고체 연료라는 사실! 따라서 모양이 변하지 않는다. 얼음 모양을 하고 있다는 사실만 봐도 기체가 아니라는 것을 짐작할 수 있다.

고체는 일정한 모양이 있기 때문에 어떤 그릇에 넣어도 원래의 모양이 변하지 않는다. 또한 고체에 압력을 가하면 모양은 변할 수 있지만, 그 부피는 일정하게 유지된다.

# 물질의 3가지 상태

이 세상의 물질들은 아주 작은 알갱이로 이루어져 있다. 돌은 돌의 성질을 가지는 작은 알갱이들이 모여 있는 것이고, 물은 물의 성질을 가지는 작은 알갱이들이 모여 있는 것이다. 이 작은 알갱이는 매우 작아서 눈으로 볼 수 없는데, 이 작은 알갱이를 '분자[*]'라고 한다.

분자는 물질의 상태에 따라 배열이 다르다. 고체는 분자들이 거의 움직이지 않고 일정하게 배열되어 있다. 분자들 사이의 거리도 가깝고 서로서로 잡아당기는 힘도 세다. 사람이 가득 찬 버스를 떠올려 보자! 버스 안에 빼곡하게 사람들이 서 있으면 움직이기 힘들다. 이처럼 고체는 움직이기 어렵기 때문에 늘 일정한 모양을 유지한다.

액체는 분자들이 비교적 자유롭게 움직일 수 있다. 비교적 한산한 버스 안의 모습을 생각하면 된다. 사람들 사이에 거리가 있기 때문에 조금씩 움직일 수 있다. 이처럼 액체는 분자들 사이에 거리가 있고, 자유롭게 움직일 수 있어 흐르는 성질을 갖는다.

기체는 분자들이 매우 활발하게 움직인다. 일정한 배열이 없고, 분자들 사이의 거리도 매우 멀다. 마치 운동장에서 뛰어노는 아이들과 같다. 그래서 기체는 사방으로 잘 퍼지는 성질을 갖는다.



| 고체 | 액체 | 기체 |
|---|---|---|
| 일정한 모양이 있다. | 그릇에 따라 모양이 변한다. | 그릇에 따라 모양이 변한다. |
| 부피가 변하지 않는다. | 부피가 변하지 않는다. | 압력을 가하면 부피가 변한다. |
| 흐르지 않는다. | 흐른다. | 흐르고 넓게 잘 퍼진다. |

▲고체, 액체, 기체의 성질

▲고체

▲액체

▲기체

## 유리의 두께가 달라!

퀴즈! 유리는 기체, 액체, 고체 중에 어디에 속할까? '유리는 우리 눈에 보이고, 일정한 모양도 있으니까 고체!'라고 생각할 수 있겠지만 사실 유리는 고체라고 할 수 없다.

아주 오래된 유럽의 성당이나 교회에서 유리가 흘러내린 흔적을 찾을 수 있다. 확연하게 눈에 보이는 것은 아니지만 그 곳의 유리창을 보면 위쪽은 유리가 얇고, 아래쪽은 위쪽보다 약간 두껍다.

그렇다면 유리의 정체는 과연 뭘까? 유리의 정체를 알기 위해서는 유리를 어떻게 만드는지 알아야 한다.

모래에 있는 규사를 소다, 석회와 함께 용광로에서 펄펄 끓이면 액체 상태가 되는데, 이때 모양을 잡고 갑자기 식혀서 만든 것이 바로 유리다.

그렇기 때문에 유리의 겉은 고체처럼 딱딱하지만 속은 액체처럼 고정된 질서가 없다. 이렇게 액체와 고체의 중간 상태에 있는 것을 '반고체 상태'라고 한다. 케첩과 치약도 유리와 마찬가지로 굳어지면 고체처럼 딱딱해지지만 완전한 고체라고 할 수 없다.


## 고체도 액체도 기체도 무게는 제각각

같은 크기의 물건도 어떤 종류인지에 따라 그 무게가 다르다. 돌로 만든 탁자와 나무로 만든 탁자의 무게는 확실히 다르다.

고체뿐만 아니라 액체도 그 종류에 따라 그 무게가 다르다. 기름이 물에 가라앉지 않고 물 위에 뜨는 것은 기름이 물보다 가볍기 때문이다.

기체도 종류에 따라 무게가 다르다. 놀이 공원에서 파는 풍선은 놓치면 하늘로 날아가 버리지만, 우리가 입으로 불은 풍선은 바닥으로 가라앉는다. 풍선 안에 들어간 기체의 종류가 다르기 때문이다. 놀이 공원에서 파는 풍선에는 헬륨이라는 가벼운 기체가 들어가 있고, 사람이 부는 풍선에는 무거운 기체인 이산화탄소가 많이 들어 있다.

# 이게 고체야, 액체야?

고체의 성질과 액체의 성질을 모두 가진 이상한 물질이 있다. 만들어 보고 그 물질의 특성을 알아내 보자.

### 준비물

큰 그릇, 물, 옥수수 전분가루

### 탐구 순서

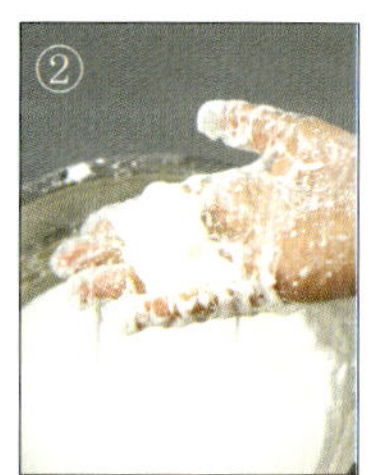

① 큰 그릇에 물을 약간 붓고 그곳에 전분 가루를 넣어 섞는다. 섞인 물질을 손으로 집어 손에서 흐를 정도로 물과 전분 가루의 양을 조절한다.

② 반죽을 손으로 쳐 보자. 어떤 느낌이 드는가? 반죽을 손으로 집어 들고 가만히 손을 펴 보자. 그리고 반죽이 어떻게 되지 살펴보자.

### 🗂 실험 결과

반죽을 손으로 쥐었을 때는 모양이 있는 고체 같지만 손을 펴면 반죽이 액체처럼 흘러내리는 것을 관찰할 수 있다.

### 🍶 생각 나누기

· 반죽은 고체일까? 액체일까?

· 반죽을 여러 가지 방법으로 탐구해 보고 그 특성을 이야기해 보자.

Chapter 11

# 이글루에는 특별한 것이 있다

# 이글루에는 특별한 것이 있다

▲이글루

캐나다, 알래스카, 시베리아에는 원주민, '이누이트 족'이 살고 있다. 우리에겐 '에스키모'로 더 잘 알려져 있다.

에스키모는 '날고기를 먹는 사람'이라는 뜻을 가지고 있는데, 이누이트 족은 비타민과 수분을 보충하고, 피하 지방을 늘리기 위해 날고기를 먹었다고 한다. 서양사람들은 이누이트 족을 가리켜 놀리듯이 에스키모라 불렀고 이 때문에 이누이트 족은 에스키모로 불리는 것을 정말 싫어한다.

오늘날에는 문명이 발달하여 달라졌지만, 이누이트 족에게는 그들만의 독특한 생활 방식이 있었다. 극심하게 추운 날씨를 견뎌야 하는 이누이트 족은 곰의 가죽이나 순록의 모피로 방한복을 만들어 입었고, 바다표범과 늑대의 가죽으로 장화를 만들어 신었다.

그렇다면 이누이트 족이 살던 집은 어땠을까? 옛날 사람들은 집을 지을 때, 주변에서 쉽게 구할 수 있는 재료로 집을 지었다. 우리나라의 경우에는 나무, 볏짚, 흙 등이 집을 짓는 재료로 쓰였다. 옛날 우리나라 사람들이 살았던 초가집이나 한옥을 떠올려 보자. 모두 나무, 볏짚, 흙으로 만들어졌다.

이누이트 족은 무엇으로 집을 지었을까? 이누이트 족이 살고 있는 곳에서 가장 쉽게 구할 수 있는 재료가 무엇인지 생각해 보면 쉽게 알 수 있다. 바로 '눈'이다! 어떻게 눈으로 집을 지을 수 있을까?

이누이트 족이 눈으로 만든 집을 '이글루'라고 하는데, 이글루는 '집'이라는 뜻이다. 눈으로 집을 짓다니, 생각만 해도 으슬으슬 추워지는 것만 같다.

### 이글루 만들기

사실 이글루는 이누이트 족이 살고 있는 집이 아니라, 사냥을 하기 위해 잠시 머무르는 집이다. 만드는 방법도 크게 어렵지 않아서, 한 사람이 지름 5m 크기의 10인용 이글루를 만드는 데 2시간 정도밖에 안 걸린다고 한다.

그럼 본격적으로 이글루를 만들어 보자. 우선 눈 덩어리들을 벽돌 모양으로 자른다. 그런 다음 달팽이 모양으로 차곡차곡 쌓아 올려 이글루의 형태를 만든다.

이글루의 모양이 완성되면, 이글루 안에 들어가 램프를 켜서 실내 온도를 높인다. 온도가 높아지면, 눈 벽돌이 녹아서 물이 생기는데. 이 물이 벽의 빈

틈을 메워 준다.

어느 정도 눈이 녹으면 램프를 끄고 출입문을 열어 차가운 바람이 이글루 안으로 들어가도록 한다. 벽돌에 스며든 물은 눈 벽돌과 함께 얼면서 서로 달라붙게 만든다. 이렇게 불로 녹이고 찬바람으로 다시 얼리는 과정을 반복하면 눈으로 만든 이글루가 얼음집으로 변한다.

이글루를 만드는 동안 눈은 물로 변하기도 하고, 얼음으로 변하기도 한다. 눈이 물로 변하는 것처럼 고체가 액체로 변하는 것을 '융해', 반대로 물이 얼음으로 변하는 것처럼 액체가 고체로 변하는 것을 '응고'라고 한다.

▲이글루 만드는 방법

## 물은 얼면 뚱뚱해진다!?

큰 바위로 이루어진 절벽의 아래를 보면 바위에서 떨어진 돌들이 쌓여 있다. 왜 이렇게 바위가 부서졌을까?

▲부서진 바위



무더운 여름, 운동장에서 한바탕 축구를 했더니 땀이 뻘뻘 난다. 이런 날은 냉동실에 꽝꽝 얼려 둔 물이 최고다! 집으로 달려가서 냉동실을 열었는데, 이것 참 이상하다. 처음에 냉동실에 넣었을 때와는 달리 물병의 모양이 변했다. 물병 아랫부분이 볼록하게 부풀어 있다.

이처럼 물병에 물을 가득 채워서 얼리면, 물병의 아랫부분이 볼록해지거나, 몸통 부분이 팽팽하게 늘어난다. 심하면 물병이 깨져 있을 때도 있다. 왜 그런 걸까?

대부분의 액체는 고체로 변하면서 부피가 줄어든다. 그러나 물은 예외다. 물은 다른 액체와는 반대로, 고체로 변하면서 부피가 늘어난다. 이는 물이 가지는 특별한 성질 중의 하나라고 할 수 있다.

물을 얼리려고 냉각을 시키면 온도가 점점 내려가다가 어느 순간 온도가 변하지 않고 그대로 유지된다. 온도가 변하지 않는 그 순간이 액체인 물에서 고체인 얼음으로

▲언 물병과 얼지 않은 물병

변하는 순간이다. 물이 얼음으로 다 변하고 나면 다시 온도가 내려간다. 물이 액체에서 고체로 변하는 순간, 즉 물이 어는 순간의 온도는 보통 0℃이며, 이를 '어는점'이라고 한다.

물은 때때로 엄청난 힘을 보여 주기도 한다. 우리가 물을 마실 때나 세수를 할 때에는 못 느꼈을 수도 있지만 사실 물은 엄청난 파워를 숨기고 있다!

만화 속의 로봇이나 영화 속의 스파이더 맨 등은 변신을 했을 때 더 큰 힘을 낼 수 있다. 물도 파워를 갖기 위해서는 변신이 필요하다. 바로 얼음으로 변신해야 한다.

물이 얼면 부피가 커진다고 했다. 이렇게 물이 부피가 커지면, 높은 산을 이루는 큰 바위도 깰 수 있다. 여러 작용으로 인해 바위에 틈이 생기면, 바위의 틈에 물이 들어간다. 물은 날씨가 추워지면 얼면서 부피가 커진다. 물의 부피가 커지면 바위의 틈이 조금씩 벌어진다. 물이 얼었다, 녹았다를 반복하다 보면 점점 틈이 벌어져 바위가 틈을 따라 조각조각 깨지게 된다.

항아리 속에 담긴 물도 마찬가지다. 물이 얼면서 부피가 커지는 것을 항아리가 견디지 못해 깨지고 만다. 수도관도 마찬가지! 수도관 안의 물이 얼면 부피가 커지게 되고 부피가 커지는 것을 못 견디면 수도관이 부서져서 수돗물을 사용할 수 없게 된다. 때문에 겨울이 되면 수도관을 따뜻하게 하거나, 항아리를 비워 두는 등의 대비를 해야 한다.

## 스키장에서 인공 눈을 어떻게 만들까?

퀴즈! 겨울에 내리는 눈 때문에 즐겁기도 하고, 걱정스럽기도 한 사람이 있다. 누굴까? 바로 스키장 주인이다.

눈이 많이 내리면, 스키장을 찾는 사람들도 많아지기 때문에 '룰루랄라' 콧노래가 절로 나오지만 반대로 눈이 내리지 않으면, 자연스레 스키장 주인의 표정은 울상이 된다.

눈이 내리지 않을 때, 스키장 주인은 어떻게 해야 사람들을 오게 만들 수 있을까? 이럴 때 스키장 주인은 인공 눈을 만들어 뿌린다.

▲스키장

인공 눈을 만드는 방법은 간단하다. 물이 나오는 부분을 차갑게 한 후에 물을 아주 빠르게 뿜어내면, 물이 나오면서 얼기 때문에 눈과 비슷한 작은 얼음 알갱이가 된다.

▲눈 결정

자연에서 내리는 눈의 결정 모양은 육각형이다. 그냥 눈으로 보아도 솜처럼 사이사이에 공간이 많아서 포근한 느낌이 난다. 그러나 인공 눈은 작게 얼음을 얼리거나 얼음을 간 것이기 때문에 실제의 눈처럼 포근한 느낌은 없다. 한편 함박눈이 내리는 날에는 특히 세상이 조용해진 것처럼 느껴진다. 왜 그런 걸까? 눈이 많이 내리면 주위의 소리가 눈에 부딪혀 사라지기 때문이다.

## 냉장고 없이 아이스크림을 만들 수 있을까?

옛날 아이스크림을 만들려고 한다. 다음 중 필요한 재료가 아닌 것은?

① 우유　　② 설탕

③ 소금　　④ 얼음

▲아이스크림

할머니나 할아버지 혹은 책이나 텔레비전에서 아이스케키라는 말을 들어본 적이 있을 것이다. 아이스케키는 옛날 아이스크림의 한 종류로 설탕물을 얼려 팔던 얼음 과자다. 냉동기도 없던 시절에 아이스케키는 어떻게 만들어 팔았을까? 냉동기가 없어도 얼음과 소금만 있으면 아이스케키를 만들 수 있다. 물은 0℃ 정도에서 얼지만 물에 소금을 넣으면 더 낮은 온도에서 언다. 그렇기 때문에 얼음에 소금을 넣으면 얼음이 녹는다. 얼음이 녹으면서 주변의 열을 빼앗고 얼음이 녹은 물에 소금이 녹으면서 주변의 열을 빼앗아 온도를 내려가게 한다. 소금과 같이 온도를 내리는 역할을 하는 물질을 '한제'라고 한다.

1950년대는 냉장고도 없던 시절이지만 무더운 여름날에도 아이스케키를 시원하게 즐길 수 있었던 까닭은 아이스케키 장사 아저씨가 얼음과 소금을 넣은 아이스박스에 아이스케키를 가지고 돌아다니며 팔았기 때문이다.

옛날 로마의 귀족들도 이 원리를 이용하여 한여름에도 후식으로 시원한 샤베트를 즐겼다고 한다. 알프스의 만년설을 가져다 염화암모늄이 든 흙을 뿌려 샤베트를 얼려 먹은 것이다. 이것이 점차 발전하여 지금의 아이스크림이 탄생하게 되었다.

어는 온도를 내려 얼음을 녹게 하는 방법은 겨울철에 자주 사용된다. 겨울철 눈이 많이 내리면 도로가 얼어 사람도 차도 안전하게 다닐 수 없기 때문에 눈과 얼음을 녹이기 위해 제설제를 사용한다. 제설제는 소금이나 염화칼슘을 사용할 수 있다. 눈과 얼음에 소금을 뿌리면 어는 온도가 영하 20℃ 정도로 내려가기 때문에 눈과 얼음이 녹는다. 소금을 뿌려 녹은 물이 다시 얼려면 기온이 영하 20℃ 아래로 내려가야 한다. 우리나라에서는 제설제로 염화칼슘을 사용하는데 염화칼슘을 뿌리면 물이 어는 온도가 영하 55℃까지 내려간다고 한다. 제설제 덕분에 겨울철에 도로에서 미끄러지지 않고 다닐 수 있지만 염화칼슘이 녹은 물이 차에 닿으면 차가 부식되고 환경오염도 된다고 하니 마구 뿌릴 수만은 없다.

## 이글루에는 특별한 난방법이 있다



얼음으로 만든 이글루에서의 난방법이 아닌 것은?

① 불을 피운다.

② 이글루에 천을 덮어 둔다.

③ 물을 뿌린다.

영하 30~40℃의 추운 곳에서 얼음으로 만든 집을 짓고 지낸다니 생각만 해도 몸이 으슬으슬 떨리는 것 같다! 얼음으로 만들어 추울 것만 같은 이글루 안은 생각보다 따뜻하다. 실내 온도가 약 25℃나 된다고 하는데 어찌된 일일까?

이글루 안에서도 불을 피울 수 있고, 요리도 할 수 있다. 왠지 불을 피우면 집이 모두 녹아 버릴 것 같지만, 바깥이 너무 춥기 때문에 이글루는 끄떡없다.

이글루의 두꺼운 얼음은 바깥의 매서운 바람을 막아 주고, 따뜻한 공기가 바깥으로 나가지 않도록 해 준다. 또한 이글루의 입구는 매우 작게 만드는데, 이 때문에 바깥의 찬 공기가 안으로 들어오지 못한다.

이 외에도 이글루에는 특별한 난방법이 있다. 바로 물을 뿌리는 것이다. 물을 뿌리면 더 추울 것 같지만 오히려 반대다! 추운 날씨 때문에 물이 얼면서 열을 내보내기 때문이다. 이 덕분에 이글루 안은 훈훈하게 느껴진다. 이때, 찬물보다 뜨거운 물을 뿌리는 것이 더 효과적이라고 한다.

앞에서 말했듯이 물은 얼음으로 변하면 열을 내놓는다. 눈이 오는 날이 더 따뜻하게 느껴지는 이유는 물이 눈으로 변하면서 열을 내놓기 때문이다. 이 원리를 활용하여, 제주도에서는 날씨가 추워지면 귤이 어는 것을 막기 위해 감귤에 물을 뿌린다고 한다.

### 얼음은 어디에서부터 얼까?

'얼음낚시를 하던 중에 물에 빠져 숨졌다.', '얼음이 두껍게 얼지 않은 호수에서 스케이트를 타던 어린이가 호수에 빠져 숨졌다.'

겨울이 되면 위와 같은 안타까운 소식을 종종 접할 수 있다. 이런 사고는 조금만 주의를 기울이면 일어나지 않을 수 있다.

표면이 얼었다고 해서 깊은 호수 속까지 언 것은 아니다. 얼음은 윗부분부터 얼기 때문이다. 그래서 얼음 위를 건널 때에는 주의해야 한다.

왜 얼음은 위에서부터 얼까? 물은 약 4℃에서 가장 무겁다가, 4℃ 이하가 되면 다시 가벼워진다. 기온이 내려가 표면의 물이

▲호수

4℃가 되면 무거워져 아래로 내려간다. 그리고 아래에 있는 물이 위로 올라온다. 또 올라온 물이 4℃가 되면 다시 내려가는데, 이것이 반복되다 보면 호숫물 전체가 4℃가 된다.

호숫물 전체 온도가 4℃ 이하로 내려가면, 표면의 물은 가벼워져 그대로 위에 머문다. 그이 상태에서 온도가 점점 내려가 0℃가 되면 얼기 시작한다. 이러한 원리 때문에 표면부터 어는 것이다.

호수 표면이 얼더라도 깊은 밑바닥까지 어는 일은 거의 없어서 호수에 사는 생물은 추운 겨울에도 살아남을 수 있다고 한다.

## 물 뿌리면 시원해져요

▲부서지는 장미

무더운 여름에 길가에 물을 뿌리는 장면을 본 적이 있을 것이다. 이렇게 물을 뿌리면 조금은 시원해지는 것을 느낄 수가 있다. 물을 뿌리면 따뜻해지는 이글루와는 반대로 물을 뿌리면 시원해지기도 한다. 물을 뿌리는 것은 똑같은데 왜 반대의 현상이 나타날까?

더운 날 운동장에서 뛰어놀다 보면 땀을 많이 흘리게 된다. 그런데 땀을 흘리고 나면 오히려 더 시원함을 느낄 수 있다. 또 물놀이를 하고 난 후 몸이 젖은 상태에서 바람이 불면 아주 시원하다. 때로는 너무 춥게 느껴져서 감기에 걸리기도 한다.

비를 맞고 들어오면 부모님은 물기를 닦은 후 바로 옷을 갈아입도록 한다. 젖은 옷을 입고 있으면 더욱 춥게 느껴지기 때문이다.

이글루에 물을 뿌리는 것은 물이 얼어서 고체가 되면 열을 내놓기 때문이다. 반대로 더운 날 물을 뿌리면 시원해지는 것은 액체인 물이 기체인 수증기로 변하면서 열을 빼앗아 가기 때문이다. 이렇게 액체가 기체로 변하는 현상을 '증발'이라고 한다.

주사를 맞기 전에 알코올로 소독을 하는데 소독 솜으로 문지른 부위가 매우 시원해지는 것을 느낄 수 있다. 알코올은 물보다 빠르게 증발하기 때문에 물을 팔에 묻혔을 때보다 더욱 빨리 시원함을 느낄 수 있다. 알코올이 증발하면서 나의 체온을 빼앗아 가기 때문이다.

이와 같은 원리를 이용한 것이 바로 에어컨과 냉장고다. 여름철이면 많은

▲에어컨

▲냉장고

사람이 더위를 식히거나 시원한 음식을 먹기 위해 에어컨과 냉장고를 사용한다.

에어컨과 냉장고 속에는 프레온 가스가 들어 있다. 프레온 가스는 낮은 온도에서도 기체가 되기 쉬워 액체에서 기체로 변하면서 주변의 열을 빼앗아 간다. 그래서 온도를 낮추어 시원하게 해 준다.

한편 프레온 가스는 오존층을 파괴한다. 지구를 둘러싸고 있는 오존층이 파괴되면 강한 자외선의 영향으로 피부 질환과 피부암이 늘어나고, 지구의 온도가 올라간다. 따라서 세계는 프레온 가스의 사용을 줄이기 위해 노력하고 있다.

## 물이 사라지는 현상

친구와 물놀이를 하다가 옷이 흠뻑 젖고 말았다! 그런데 아랑곳하지 않고 정신없이 놀다 보니, 신기하게도 옷이 금세 말랐다. 옷을 흠뻑 적

▲ 빨래

셨던 물이 감쪽같이 사라진 것이다. 어떻게 된 일일까?

액체인 물은 기체인 수증기로 변하면 공기 중으로 날아가 버린다. 이를 '증발'이라고 한다.

라면을 먹기 위해 물을 끓이다 보면 냄비 바닥에서 기포가 올라오는 것을 볼 수 있다. 불을 세게 하여 빨리 끓이면 끓일수록 기포의 크기가 크고, 격렬하게 생긴다. 이 기포의 정체가 바로 '수증기'다. 액체인 물이 끓으면서 기체

인 수증기로 변한 것이다.

끓는 것과 증발하는 것 모두 액체인 물이 기체인 수증기로 되는 현상이다. 끓을 때는 기포를 통해 수증기를 볼 수 있다. 하지만 증발은 우리의 눈으로 볼 수 없다.

빨래를 한 후, 젖은 옷을 탁! 탁! 털어서 널면 옷이 마르는데, 이것이 대표적인 증발의 예이다.

액체가 기체로 바뀌는 것을 이용한 마술이 있다! 장미꽃을 부수는 마술인데 이는 액체 질소를 이용한 것이다. 질소는 공기의 78%를 차지하는 기체인데 질소를 액체로 만들어 놓은 것이 액체 질소다.

액체 질소는 상온에서 급격하게 기체로 변하는데, 액체가 기체로 변하면서 열을 흡수해 온도를 영하 196℃까지 내리게 한다. 그렇기 때문에 액체 질소는 물체를 순식간에 얼려 버린다. 생생하게 살아 있는 장미꽃도 몇 초만 액체 질소에 담그면 꽁꽁 얼어 버리기 때문에, 충격을 주면 유리처럼 부서져 버리고 만다.

### 물이 끓는 온도!

물이 끓는 것은 액체가 기체로 변하는 것이다. 액체가 기체로 변하기 시작하는 온도를 '끓는점'이라고 한다.

그렇다면 물은 몇 ℃에 끓을까? 이 질문에 대부분의 사람들은 '100℃'라고 대답을 한다. 하지만 실제로 물을 끓여 보면 꼭 100℃에서 끓는 것은 아니다. 물속에 어떤 물질이 들어 있는지 기압은 어떤지에 따라 물이 끓는 온도가 조금씩 변하기 때문이다.

산에서 냄비에 밥을 해 먹으면 밥이 잘 익지 않는다. 그 이유는 산 위와 산 아래가 기압이 다르기 때문이다. 산 위에서는 기압이 낮아 100℃보다 더 낮은 온도에서 물이 끓는다. 낮은 온도에서는 쌀이 잘 익지 않기 때문에 설익은 밥이 된다. 그래서 부족한 압력을 높여 주기 위해 냄비 위에 무거운 돌을 올려놓고 밥을 하면 잘 익은 밥을 먹을 수 있다.

▲압력솥

반대로 압력을 높여 주는 기능을 가진 압력솥에 밥을 하면 밥이 더욱 맛있게 된다. 압력이 높아지면 물이 끓는 온도도 높아지는데, 100℃보다 더 높은 온도에서 끓으면 밥이 쫀득쫀득하고 맛있게 된다. 가마솥 밥이 맛있는 이유도 가마솥의 무거운 뚜껑이 솥 안의 압력을 높여 주어 끓는 온도가 높아지기 때문이다.

### 이글루가 얇아졌다

이글루는 추운 지역에 있어 잘 녹지 않지만, 시간이 지나면 그 두께가 점점 얇아진다. 왜 그럴까?

눈이 내린 후 날씨가 따뜻해지면 눈이 녹아 물로 변한다. 하지만 눈이 내린 후에도 날씨가 계속 추우면, 눈은 잘 녹지 않는다. 특히 햇빛이 들지 않는 그늘 지역은 더더욱 눈이 녹지 않고 쌓여 있다.

그런데 신기하게도 시간이 지나면 눈은 물로 변하지 않고, 점점 사라진다.

바로 수증기로 변했기 때문이다. 눈이 수증기로 변하듯이 고체 상태에서 바로 기체가 되는 현상을 '승화'라고 한다.

아이스크림 가게에서 아이스크림을 포장할 때, 드라이아이스를 함께 넣어준다. 이런 드라이아이스를 보고 있으면 점점 크기가 줄어드는 것을 볼 수 있다. 드라이아이스는 이산화탄소의 고체로, 고체에서 바로 기체 상태인 이산화탄소로 변한다.

# 아이스크림 만들기!

여름철 우리가 즐겨먹는 것 중의 하나, 아이스크림. 아이스크림은 어떻게 만들까? 직접 아이스크림을 만들어 보자.

 **준비물**

양푼, 얼음, 소금, 우유, 쇠로 된 작은 그릇

 **탐구 순서**

① 양푼에 얼음과 소금을 집어넣는다. 얼음은 소금의 양에 3배 정도 넣는다. 소금과 얼음이 잘 섞이도록 한 후, 그 사이에 쇠로 된 작은 그릇을 포개어 놓는다.

② 작은 그릇에 우유를 넣고, 기다려 보자.

③ 우유가 살짝 얼면 살짝 저어 준다. 초콜릿 가루나 과일과 함께 먹으면, 훨씬 맛있다!

### 실험 결과

아이스크림이 만들어진 데는 소금의 역할이 크다. 소금을 넣으면 어는점이 내려간다. 즉 온도가 더 내려가야만 언다. 그래서 얼음은 소금을 만나면 녹는데, 얼음이 녹으면서 열을 흡수해 우유의 온도를 떨어뜨리고 결국 아이스크림이 만들어진다.

### 생각 나누기

· 얼음만 넣고 아이스크림을 만들면 어떻게 될까?

Chapter 12

# 키가 크는 에펠탑

# 키가 크는 에펠탑

▲에펠탑

프랑스 파리를 생각하면 가장 먼저 떠오르는 에펠탑. 1889년 프랑스 혁명 100주년을 기념하기 위한 기념물로 세워졌다. 그때 당시 프랑스는 프랑스 혁명 100주년 기념물 설계안을 공모했는데, 그 중 구스타브 에펠의 설계안이 채택된 것이다.

처음 에펠탑을 세우기 시작할 때는 파리의 경치를 망가트린다고 주장하는 사람들이 많았다. 세계적으로 유명한 소설가 모파상은 에펠탑의 건설을 반대한 사람 중의 하나다. 그는 에펠탑을 보지 않기 위해 골목길로만 다니고, 에펠탑에 있는 식당에서 밥을 먹었다고 한다.

하지만 에펠탑은 지금까지도 세계적인 관광지이자, 파리의 상징으로 여겨지고 있다.

에펠탑은 여름만 되면 12cm 정도 키가 큰다고 한다. 살아 있는 생물도 아닌데 키가 큰다니 무슨 말일까?

## 기차 레일이 끊어져서 안전해!

기찻길을 잘 관찰해 보면 신기한 것을 발견할 수 있다. 나란히 이어진 기차 레일의 중간 중간이 끊어져 있다. 승객의 안전이 가장 우선이어야 하는 기차의 레일이 끊어져 있다니! 어떻게 된 일일까?

사실, 이렇게 끊어진 레일 사이의 틈에는 과학적 원리가 숨어 있다! 끊어져 있는 부분을 이음매[*]라고 하는데, 25m 간격으로 끊어져 있다. 쇠로 만들어진 레일은 여름철에는 늘어나고, 겨울철이 되면 줄어든다. 온도에 따라 레일의 길이가 변하는 것이다. 이 때문에 레일 사이에 틈을 두어 여유를 둔다. 만약에 이 틈이 없다면, 여름철에 레일이 늘어나 휘어지기 때문에 기차 탈선 사고가 일어날 수도 있다.

기차를 타고 여행할 때 '덜커덩덜커덩' 하는 소리가 나는 것은 레일 사이의 틈인 이음매를 통과할 때 나는 소리다. 하지만 KTX의 철로인 고속 철도에는 이음매가 거의 없다. KTX의 레일은 25m의 레일 12개를 용접해서 300m 길이로 만든 레일을 사용한다. 레일 사이를 붙이고 매끈하게 만들어서 시속 300km의 엄청난 속도로 달려도 고속 철도는 소음과 진동이 적어 편안하게 기차 여행을 할 수 있다.

**이음매**

철로뿐만 아니라 다리와 도로에도 틈이 있다. 이 틈은 철로와 같이 여름에 온도가 높아져서 다리와 도로가 늘어나는 것을 대비한 것이다.

그렇다면 고속 철도의 레일은 늘어나지 않을까? 고속 철도에 사용하는 레일은 무거운 소재로 만들어 수축과 팽창을 최대한 줄였다. 그리고 콘크리트로 만든 침목에 레일을 강하게 고정해 레일이 늘어나거나 줄어드는 일이 일어나지 않게 했다. 또한 기온의 변화에 따른 길이의 변화를 줄이기 위해 레일을 설치할 때에도 최저 온도인 영하 20℃와 최고 온도인 60℃의 중간인 20℃의 온도에서 설치했다.

고속 철도의 레일은 이음매가 거의 없지만, 다리와 연결되는 부분에는 이음매가 있다. 다리 자체가 기온 변화에 따라 수축과 팽창을 거듭하기 때문이다.

더운 여름철 고속 철도는 안전을 위해 속도를 낮추어 운행하기도 하고, 철로의 팽창을 막기 위해 온도를 낮추기 위한 물을 뿌리기도 한다.

▲여름철, 레일에 물 뿌리는 모습

## 열 받으면 커진다?!



겨울철, 따뜻한 물로 설거지를 하다 보면 두 개의 그릇이 꽉 끼어 빠지지 않을 때가 있다. 어떻게 하면 두 그릇을 쉽게 빼낼 수 있을까?

① 비눗물을 이용한다.

② 기름을 이용한다.

③ 뜨거운 물을 이용한다.

④ 가만히 두면 시간이 해결해 준다.

모든 물질은 원자라는 아주 작은 알갱이로 이루어져 있다. 우리 눈에 보이지는 않지만 이 원자들은 끊임없이 움직이고 있다. 보통 원자들의 움직임은 온도가 높아질수록 더욱 빨라지고 커진다.

고체의 물질을 이루고 있는 원자들은 거의 움직이지 않기 때문에 모양이 변하지 않는다. 그런데 열을 받으면 원자의 움직임이 조금 더 활발해져 서로서로 멀리 밀어내기 시작한다. 그래서 길이, 면적, 부피가 늘어난다. 이러한 현상을 '열팽창'이라고 한다. 반대로 열을 잃고 온도가 내려가면 원자들의 움직임은 없어진다. 그래서 온도가 낮아지면 보통 수축한다.

이 원리를 이용하면, 힘을 들이지 않고도 꽉 끼어 버린 그릇을 떼어 낼 수 있다. 꽉 끼인 두 개의 그릇을 뜨거운 물에 넣으면 뜨거운 물의 열에 의해 두 개의 그릇과 함께 그릇 사이의 공간도 늘어나 잘 떼어 낼 수 있다.

## 열팽창만 있는 것이 아니다! 열 수축도 있다

오징어를 불에 구워 보자. 불이 너무 뜨거워서일까? 오징어는 온몸을 배배 꼬며 구워진다. 오징어는 왜 배배 꼬며 구워질까?

모든 물질이 열을 받으면 팽창하는 것은 아니다. 열을 받으면 오히려 수축하는 것도 있다. 오징어를 이루고 있는 단백질은 열을 받으면 오히려 줄어든다. 오징어를 굽기 전과 구운 후의 크기를 비교해 보자.

확 줄어든 모습을 확인할 수 있다.

　오징어의 몸이 배배 꼬이는 것은 열에 의해 오징어의 주성분인 단백질이 줄어들기 때문이다. 불에 닿은 쪽이 더 많이 수축되기 때문에 불에 닿은 쪽으로 구부러진다.

　오징어처럼 열을 받으면 수축하는 '수축 튜브'라는 것이 있다. 수축 튜브는 주로 전선과 전선을 연결할 때 많이 사용한다. 연결 부위에 수축 튜브를 끼우고 열을 가하면 튜브가 줄어들어 고정된다. 이러한 성질 때문에 짧은 머리를 긴 머리로 바꾸기 위해 가발을 붙일 때에도 수축 튜브를 사용한다.

## 더위에 늘어지는 전깃줄

겨울철과 여름철에 전깃줄을 관찰해 보자. 겨울철에는 전깃줄이 팽팽하지만, 여름철의 전깃줄은 축 늘어져 있다. 이것은 온도가 올라가면 전깃줄이 팽창하여 길이가 늘어나기 때문이다.

그렇다면 여름철에 전깃줄을 팽팽하게 설치하면 어떻게 될까? 겨울철에 전깃줄의 길이가 줄어들기 때문에 자칫하면 사고가 발생할 수 있다.

▲여름 전깃줄

▲겨울 전깃줄

## 온도계 이야기



온도가 올라가면 온도계의 눈금이 아래로 내려가고, 온도가 내려가
면 온도계의 눈금이 올라가는 온도계가 있을까?
① 있다 ② 없다

1603년 갈릴레이는 가열된 공기가 든 유리관을 물그릇 속에 거꾸로 세워
두었다. 유리관이 있는 방이 따뜻해지면 관 속의 공기는 팽창하기 때문에 물
의 높이는 내려갔고, 반대로 방이 추워지면 관 속의 공기가 수축하여 물의
높이가 올라갔다. 온도가 높으면 올라가고, 낮으면 내려가는 지금의 온도계
와는 반대로 움직이는 것이다. 갈릴레이는 물의 높이를 측정함으로써 방 안
의 온도를 잴 수 있었다.

온도계의 종류는 여러 가지가 있지만, 우리가 주로 사용하는 온도계는 빨
간색 액체가 온도를 표시한다. 온도가 높아지면 빨간 액체가 올라가고, 온도
가 낮아지면 빨간 액체는 내려간다.

빨간 액체는 알코올(메틸알코올)을 붉은색으로 만든 것으
로 이 때문에 온도를 잘 볼 수 있다. 그렇다면 왜 물을 쓰지
않고 알코올을 사용할까?

물은 4℃ 이하로 내려가면 부피가 늘어나고, 0℃가 되
면 얼어 버리기 때문에 온도계에 쓸 수 없다. 그래서 물
보다 온도 변화에 따른 부피 변화가 일정한 알코올을

▲ 갈릴레이 온도계

온도계에 쓴다.

알코올은 64℃에서 기체로 변하고 영하 97℃에서 얼기 때문에 낮은 온도를 잴 때 주로 쓴다. 온도계의 원리는 알코올 온도가 올라가면 부피가 팽창하고, 내려가면 부피가 다시 원래대로 돌아오는 알코올의 열팽창을 이용한 것이다.

체온계로 많이 쓰이는 온도계는 수은을 쓰기 때문에 은빛으로 보인다. 수은이 알코올보다 더 일정하게 팽창해서 알코올 온도계보다 더 정확한 온도를 잴 수 있다.

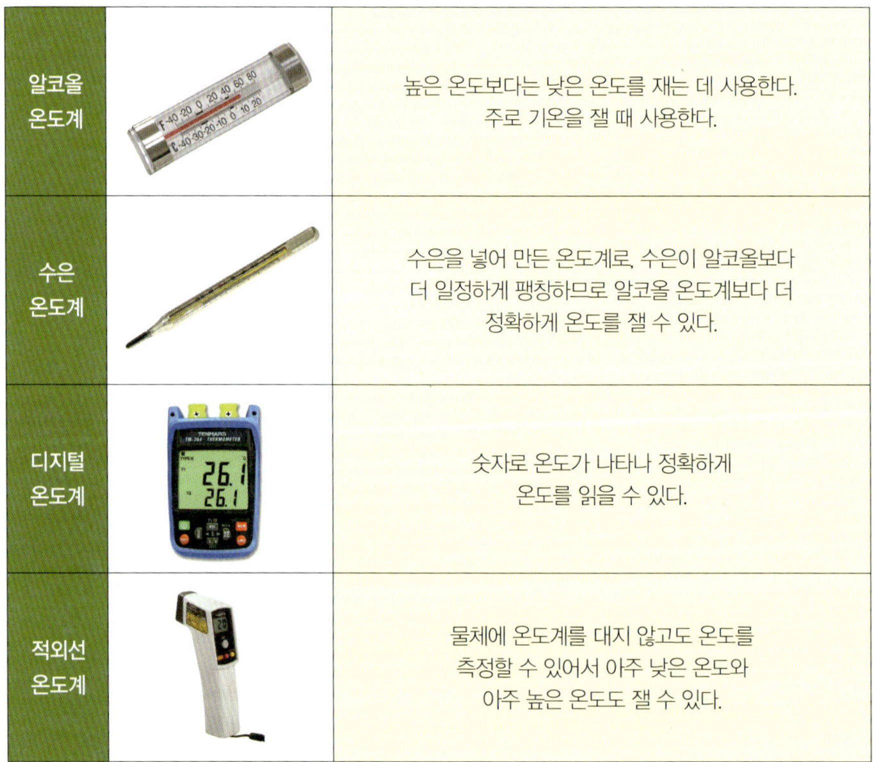

| 알코올<br>온도계 | | 높은 온도보다는 낮은 온도를 재는 데 사용한다.<br>주로 기온을 잴 때 사용한다. |
| --- | --- | --- |
| 수은<br>온도계 | | 수은을 넣어 만든 온도계로, 수은이 알코올보다<br>더 일정하게 팽창하므로 알코올 온도계보다 더<br>정확하게 온도를 잴 수 있다. |
| 디지털<br>온도계 | | 숫자로 온도가 나타나 정확하게<br>온도를 읽을 수 있다. |
| 적외선<br>온도계 | | 물체에 온도계를 대지 않고도 온도를<br>측정할 수 있어서 아주 낮은 온도와<br>아주 높은 온도도 잴 수 있다. |

▲온도계의 종류

## 보일러는 온도 조절 혼자서도 잘해요!

보일러의 온도를 일정하게 맞춰 놓으면, 보일러 스스로 온도가 올라가면 작동을 멈추고, 온도가 내려가면 다시 작동한다. 혹시 보일러도 사람처럼 스스로 생각할 수 있는 것일까?

보일러 안에는 자동 온도 조절 장치가 있기 때문에 온도 조절을 할 수 있다. 자동 온도 조절 장치의 원리는 생각보다 간단하다. 물질마다 열을 받으면 늘어나는 성질이 있는데, 이 점을 이용하여 자동 온도 조절 장치를 만들 수 있다.

열에 의해 부피가 늘어나는 정도가 다른 두 개의 금속을 맞붙여 놓은 것을 바이메탈이라고 한다. 이 바이메탈의 역할로 온도에 따라 전기를 멈추게도

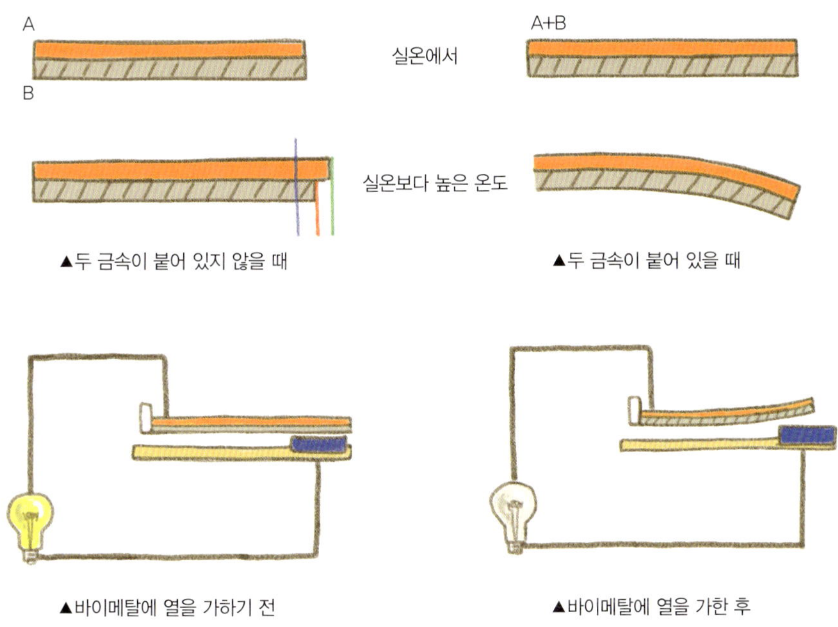


▲두 금속이 붙어 있지 않을 때　　　　▲두 금속이 붙어 있을 때

▲바이메탈에 열을 가하기 전　　　　▲바이메탈에 열을 가한 후

하고 흐르게도 할 수 있다. '바이메탈'은 열에 의해 늘어나는 정도가 다르기 때문에 열을 받으면 잘 늘어나지 않는 쪽으로 휘어진다. 그리고 다시 온도가 낮아지면 원래의 상태로 돌아온다. 이 원리로 전기를 연결했다, 끊었다 하며 온도 조절을 한다.

보일러뿐만 아니라 다리미, 보온 밥솥, 전기장판 등에도 바이메탈을 이용한 자동 온도 조절 장치가 있다.

# 쏙! 빠지는 메추리알

배가 고파 먹을 것을 찾던 중 페트병 안에 메추리알이 들어 있는 것을 발견했다. 메추리알을 먹으려고 페트병에서 꺼내려 했으나 메추리알이 페트병의 입구보다 커서 빠지질 않는다. 어떻게 페트병 입구보다 큰 메추리알이 페트병 안에 들어가 있는 것일까?

 **준비물**

페트병, 메추리알 삶은 것, 따뜻한 물, 차가운 물

 **탐구 순서**

① 페트병에 따뜻한 물을 넣고 뚜껑을 달아 흔들어 준다.

*너무 뜨거운 물을 넣으면 페트병은 열에 약하기 때문에 페트병의 모양이 변할 수 있다. 너무 뜨거운 물은 사용하지 말자.

② 페트병 안의 공기가 데워지면 따뜻한 물을 빼내고 입구 위에 메추리알을 올려놓는다.

③ 메추리알을 올린 페트병을 차가운 물
　이 든 그릇에 넣는다.
④ 메추리알이 페트병 안에 들어간 모습
　을 관찰한다.

 **실험 결과**

이 실험은 온도에 따라 늘어나고 줄어드는 공기의 성질을 이용한 것이다. 뜨거운 물로 데워진 공기는 부피가 커진다. 이 공기가 찬물에 의해 차가워지면서 부피가 줄어든다. 그 힘으로 메추리알이 페트병 속으로 쏙 빠지게 된다.

**생각 나누기**

· 페트병 안의 메추리알을 다시 꺼낼 수도 있을까?

롯데월드 12쪽/농촌진흥청 국립농업과학원 15쪽/flickr 17쪽/Fir0002 18쪽, 19쪽, 23쪽/Rasbak 18쪽/Alvesgaspar 18쪽, 101쪽/Simon Eugster 19쪽/Dalgial 30쪽/연합포토 40쪽/Pekinensis 43쪽/Raffi Kojian 44쪽/Yongxinge 47쪽/Ollin 48쪽/Topjabot 48쪽/FlickrLickr 54쪽/Denis Barthel 54쪽/MadRabbit 54쪽/NASA 54쪽/Hugo.arg 54쪽/위키피디아 58쪽, 60쪽, 61쪽, 75쪽, 89쪽, 90쪽, 96쪽, 152쪽, 170쪽/Richard Bartz, Munich Makro Freak 58쪽/OpenCage 58쪽/Lee6597 58쪽/Diliff 60쪽/Marek Szczepenek 61쪽/Roger Moore Glandauer 61쪽/Ansgar Walk 63쪽/Jjron 64쪽/ Crushinator 64쪽/Sailko 68쪽/gary noon 72쪽/Engineer111 72쪽/Finizio 72쪽/Oliver Koemmerling 72쪽/Andrei Niemimake 72쪽/Falense 72쪽/yaaaay 72쪽/Bamse 76쪽/Samuel Blanc 76쪽/Malene Thyssen 78쪽/Guerin Nicolas 79쪽/James P. Henley Jr 79쪽/Tigershrike 84쪽/dalgial 85쪽, 89쪽/Darkone 88쪽/Peripitus 89쪽/Christian Fischer 90쪽/Jame K. Lindsey 92쪽/Jeffdelonge 93쪽/Paul Hebert 93쪽/Richard Bartz 96쪽/글로벌세계대백과 97쪽/NOZO 99쪽/Liftan 136쪽/Jose Manuel Suarez 149쪽/Divulgacao Petrobras 149쪽, 150쪽/Beax 172쪽/Maksim 172쪽/Wikinaut 175쪽/Sami Dalouche 180쪽